Nordrhein-Westfälische Akademie der Wissenschaften

Naturwissenschaften und Medizin   Vorträge · N 453

Herausgegeben von der
Nordrhein-Westfälischen Akademie der Wissenschaften

REINER RUMMEL

Fortschritte der Satellitengeodäsie

ALFRED PÜHLER

Mikrobiologie im Zeitalter der Genomforschung

Springer Fachmedien Wiesbaden GmbH

455. Sitzung am 5. April 2000 in Düsseldorf

Die Deutsche Bibliothek – CIP-Einheitsaufnahme

Alle Rechte vorbehalten
© Springer Fachmedien Wiesbaden 2000
Ursprünglich erschienen bei Westdeutscher Verlag GmbH, Wiesbaden 2000

Das Werk einschließlich aller seiner Teile ist urheberrechtlich geschützt. Jede Verwertung außerhalb der engen Grenzen des Urheberrechtsgesetzes ist ohne Zustimmung des Verlages unzulässig und strafbar. Das gilt insbesondere für Vervielfältigungen, Übersetzungen, Mikroverfilmungen und die Einspeicherung und Verarbeitung in elektronischen Systemen.

Gedruckt auf säurefreiem Papier.

ISSN 0944-8799
ISBN 978-3-531-08453-4   ISBN 978-3-663-16280-3 (eBook)
DOI 10.1007/978-3-663-16280-3

Inhalt

Reiner Rummel, München
Fortschritte der Satellitengeodäsie 7
Literatur 15

Alfred Pühler, Bielefeld
Mikrobiologie im Zeitalter der Genomforschung 17

Genomforschung, eine Herausforderung
   für das Fachgebiet Mikrobiologie 17
Mikrobielle Genomforschung am Beispiel eines Resistenzplasmids 21
Genomforschung an biotechnologisch und landwirtschaftlich
   interessanten Mikroorganismen 32
   Genomforschung bei dem Aminsosäure-produzierenden
      Mikroorganismus *Corynebacterium glutamicum* 32
   Genomforschung bei dem symbiontisch N_2-fixierenden
      Bodenbakterium *Sinorhizobium meliloti* 37
   Genomforschung bei dem phytopathogenen und Xanthan-bildenden
      Bodenbakterium *Xanthomonas campestris* pv. campestris 42
Die Rolle Deutschlands bei der Sequenzierung mikrobieller Genome .. 46
Literatur 49

Fortschritte der Satellitengeodäsie

von *Reiner Rummel*, München

In den zurückliegenden zwei Jahrzehnten ist die Erkenntnis gewachsen, daß ein tieferes Verständnis der physikalischen Prozesse unserer Erde letztlich nur über einen Systemansatz erreichbar ist. Erst aus der integralen Betrachtung des Zusammenwirkens von Atmosphäre, Ozeanen, Eismassen, Biosphäre und fester Erde werden sich Einzelphänomene wie etwa der Abbau der Ozonschicht in der Stratosphäre, das El Niño Phänomen, der Anstieg des Meeresspiegels, Vulkanausbrüche oder Erdbeben in ihren Ursachen und Auswirkungen ergründen lassen. Wie bei jeder naturwissenschaftlichen Disziplin sind Beobachtungen die notwendige Grundlage für das Modellieren und Verifizieren aufgestellter Hypothesen. Die Frage, welche Parameter meßbar sind und mit welcher Meßanordnung, stellt sich in den Erdwissenschaften naturgemäß anders als in der Astronomie oder in der Kernphysik. Im Fall der Erde resultieren die größten Schwierigkeiten vor allem aus ihrer Größe. Aber auch die Undurchlässigkeit der festen Erde, der Eismassen und der Ozeane für viele Meßsysteme stellt eine große Herausforderung dar. Zusätzliche Probleme ergeben sich aus der großen Bandbreite der auftretenden Zeitskalen und der Vielfalt der relevanten Phänomene. Ohne den Wert von Laborexperimenten und terrestrischen Studien relativieren zu wollen, ist dennoch leicht einzusehen, daß Satellitenverfahren bei der Erforschung des Systems Erde eine herausragende Rolle spielen müssen. Denn nur mit Satelliten ist es möglich, in vernünftiger Zeit die Erde als Ganzes zu erfassen und aus Wiederholungen Zeitreihen zu erstellen. Mit einer mittlerweile großen Vielfalt von aktiven und passiven Mikrowellenverfahren lassen sich heute chemische und physikalische Parameter der Atmosphäre ebenso erfassen wie typische Merkmale von Land-, Eis- und Ozeanoberflächen.

Die Geodäsie ist, was die wissenschaftliche Nutzung von Satelliten und Satellitenmeßsystemen angeht, eine Disziplin der ersten Stunde. Bereits die Bahnbewegung der ersten Satelliten, Sputnik 1 und 2 und Explorer 1, wurde zu einer Bestimmung der an den Polen abgeplatteten Figur der Erde genutzt. Bei der Erforschung des Systems Erde konzentriert sich die Geodäsie mit ihren Meßverfahren auf den Erdkörper, der neben der festen Erde die Eismassen und Ozeane einschließt. Sie stellt sich traditionell die Aufgabe, die Geometrie des Erdkörpers zu erfassen, die Schwankungen der Drehbewegung des Erdkörpers bezüglich des Fixsternhimmels zu bestimmen und möglichst umfassend und genau das Schwerefeld der Erde zu quantifizieren. Man könnte diese drei Elemente als die Säulen der Geodäsie bezeichnen. Geometrie beschränkt sich dabei nicht auf die Festlegung der Gestalt der festen Erde, sondern schließt die Form der Oberflächen der Eismassen und der Ozeane ein. Geometrie umfaßt auch die Ermittlung der zeitlichen Veränderungen der Erdgestalt, die Bewegung der Kontinente, Senkungsvorgänge in den Küstenregionen, das „Pulsieren" von Vulkanen vor einer Eruption, die Fließbewegung von Gletschern, die Gezeiten oder die Dynamik der Ozeanoberflächen. Viele dieser Vorgänge spiegeln sich auch wider in kleinen Schwankungen der Drehgeschwindigkeit der Erde und der Lagerung der Drehachse bezüglich der festen Erde. Jeder Austausch von Rotationsenergie zwischen Mond und Erde, zwischen Atmosphäre und fester Erde, Eismassen und Ozeanen, aber auch zwischen Erdkern und Erdmantel beeinflußt das Rotationsverhalten des Erdkörpers im Raum. Die räumlichen Variationen des Schwerefelds der Erde könnte man als Ausdruck eines Massenungleichgewichts im Erdinnern und an der Erdoberfläche interpretieren, ein Abweichen der wirklichen Erde von einem idealisierten Körper in hydrostatischem Gleichgewichtszustand. Sie lassen daher Rückschlüsse zu auf geodynamische Vorgänge in und auf der Erde. Außerdem determiniert das Gravitationsfeld die Bewegung künstlicher Erdsatelliten ebenso wie die Grobform der Ozeanflächen und die Fließbewegung von Gletschern. Daher läßt sich umgekehrt die genaue Kenntnis der Variationen des Gravitationsfelds der Erde in den Erdwissenschaften vielfältig nutzen (Lambeck, 1988).

Die Meßprinzipien der geodätischen Satelliten- und Raumverfahren sind grundsätzlich sehr einfach. Es werden Laufzeiten von reflektierten Laser- bzw. Mikrowellenimpulsen von und zu Satelliten oder von der Erde zum Mond gemessen, Phasenvergleiche von eintreffenden Signalen analysiert und Interferometrie eingesetzt. Das besondere der geodätischen Verfahren liegt in den für die Erdwissenschaften erforderlichen extrem hohen Genauigkeiten von ca. 10^{-8} bis 10^{-9} relativ zu den zu messenden Größen. Mit einigen Beispielen seien die eingesetzten Verfahren und ihre Anwendung, bezogen auf die drei Säulen Geometrie, Erdrotation und Schwerefeld, kurz skizziert.

Bei der Erfassung der Geometrie der Erdfigur dient der Satellit als Hochziel oder als hochfliegende Signalquelle. Die über Laser- oder Mikrowellenimpulse aufgebauten Verbindungen eines globalen Stationsnetzes mit den Satelliten lassen ein die Erde umspannendes räumliches Polyeder entstehen. Mit auf Millimeter genau erfaßten Polyederseiten von mehreren tausend Kilometern Länge erschließt sich den Erdwissenschaften die Erde als verformbarer und unter dem Einfluß der Gezeiten pulsierender Körper. So konnte zum Beispiel ein globales Bild der heutigen Bewegungsraten der tektonischen Platten entstehen und verglichen werden mit den aus den magnetischen Anomalien auf den Ozeanböden abgeleiteten Bewegungsraten über geologische Zeiträume, übrigens mit erstaunlicher Übereinstimmung.

Seit zwei Jahrzehnten läßt sich die polyederartige oder punktweise Erfassung der Geometrie der Erde ergänzen durch die profilweise Ausmessung der Meeres- und Eisoberflächen mit Satellitenradaraltimetrie oder seit kurzem mit der flächenhaften Abbildung mit Hilfe der SAR-Interferometrie. Erfolge dieser Verfahren sind u. a. die Erfassung der geometrischen Signatur (eine „Aufwölbung" der Meeresoberfläche als Folge der thermischen Ausdehnung) des letzten El Niño Ereignisses auf seinem Weg über den Pazifik oder der Fließbewegung der Eisschilde in Grönland und in der Antarktis.

Die Kreiselbewegung des Erdkörpers wird unterteilt in die Lage der Rotationsachse, einerseits bezüglich der festen Erde und andererseits bezüglich des Inertialraums, und in die Schwankungen der Drehgeschwindigkeit der Erde, die sogenannten Tageslängenschwankungen. Letztere werden besonders erfolgreich mit VLBI (very long baseline interferometry) gemessen, d. h. mittels Interferometrie über lange Basen. Dieses Verfahren stammt aus der Astronomie und wird dort zur Strukturanalyse von Radiosternen eingesetzt. In der Geodäsie werden zwischen Stationen die Laufzeitunterschiede von eintreffender Radiostrahlung gemessen, die quasi als parallele Wellenfronten die Erde erreichen und unterschiedlich zeitverzögert bei den verschiedenen, über die Erde verteilten Teleskopen eintreffen. Die Quellen der Radiostrahlung sind Quasare. Das Verfahren erlaubt die extrem präzise Ermittlung der räumlichen Orientierung der durch jeweils zwei Teleskope gebildeten Basislinie bezüglich des Fixsternhimmels. Selbst kleinste Schwankungen in der Erdrotation im Millisekundenbereich werden mit diesem Verfahren meßbar. Alternativ wird die Kreiselbewegung des Erdkörpers mit Hilfe von Satelliten bestimmt. Als Bezugsfläche dienen entweder die sehr stabilen Bahnebenen von sehr kompakten hochfliegenden Satelliten oder die Bahn des Mondes. Mit Relativgenauigkeiten von 10^{-8} bis 10^{-9} können heute unter anderem der ursächliche Zusammenhang zwischen den Jahreszyklen des Drehmoments der Atmosphärenmassen und den Schwankungen in der Lage des Rotationspols sowie der des Drehmoments der Windfelder mit sehr kleinen Schwankungen in der Tageslänge nachgewiesen werden (Kovalevsky u. a., 1989, Lambeck, 1980, Ma & Feissel, 1997).

Bei der Bestimmung des Gravitationsfeldes wird der Satellit als frei fallender Testkörper im Erdschwerefeld betrachtet. Die Bahn um eine homogene kugelförmige Erde wäre eine perfekte Ellipse, die Bahn um eine leicht abgeplattete homogene Erde eine langsam im Raum präzessierende oskulierende Ellipse. Die Bahnbewegung der Satelliten im wirklichen Schwerefeld ähnelt diesen Bildern nur in erster Näherung. Die Abweichungen der wirklichen Erde von einem idealisierten Körper, d. h. die durch Täler und Berge, Subduktionszonen und Ozeanrücken, Konvektionszellen im Erdinnern und durch die Topographie an der Grenze zwischen Kern und Mantel verursachten Massenanomalien resultieren in kleinen Beschleunigungen, die sich in der Bahn des Satelliten abbilden. Es gilt dann aus den gemessenen Bahndaten – im Sinne eines inversen Problems – diese Information zu entschlüsseln und das Erdschwerefeld zu rekonstruieren. Trotz der inzwischen großen Anzahl von für derartige Analysen geeigneten Satelliten und großer Fortschritte bei der Modellierung des Gravitationfeldes der Erde muß man feststellen, daß die Schwerefeldbestimmung ungefähr ein bis zwei Größenordnungen hinter dem Stand der Figur- und Rotationsbestimmung hinterherhinkt.

Die Geodäsie wäre heute in der Lage, mit dem Aufbau eines „Globalen Integrierten Geodätisch/Geodynamischen Erfassungssystems" einen sehr konkreten und wichtigen Beitrag zur Erforschung des Systems Erde zu liefern. Es würde die drei Komponenten Geometrie, Erdrotation und Schwerefeld in einem gemeinsamen globalen Bezugsrahmen verknüpfen und zwar mit einer Relativgenauigkeit von 10^{-8} bis 10^{-9} und stabil über Dekaden. Damit würde eine konsistente und vergleichbare Erfassung einer Vielzahl von Geoprozessen und ihrer Auswirkung auf die Erdgestalt, das Gravitationsfeld und das Rotationsverhalten des Erdkörpers möglich. Schwächstes Glied der drei Säulen ist dabei momentan die unzureichende Kenntnis des Gravitationsfelds der Erde (Rummel u. a., 2000). Die Grundelemente eines derartigen Beobachtungssystems sind in Abbildung 1 zusammengefaßt.

Die Bestimmung des Erdschwerefeldes wird in den kommenden Jahren mit drei neuartigen Satellitenmissionen vorangetrieben werden. Es sind dies die deutsche Mission CHAMP, das amerikanisch-deutsche Satellitenexperiment GRACE und die im letzten Herbst beschlossene ESA-Mission GOCE. Da sich unsere Münchner Arbeiten in den letzten sieben Jahren fast ausschließlich auf GOCE konzentriert haben, sei infolge nur auf die Prinzipien und Zielsetzungen dieser Mission eingegangen.

GOCE ist die Abkürzung für „Gravity and steady-state Ocean Circulation Explorer". Bei dieser Mission wird erstmals das Prinzip der Gravitationsgradiometrie in einem Satelliten verwirklicht werden. Die Gradienten der Schwerebeschleunigung erfassen die räumlichen Details des Gravitationsfelds mit hoher Empfindlichkeit. Selbst in Satellitenhöhe ist damit noch eine hohe räumliche Auflösung bei der Schwerefeldbestimmung erreichbar. Grundgedanke ist die sehr genaue Messung von Relativbeschleunigungen zwischen benachbarten

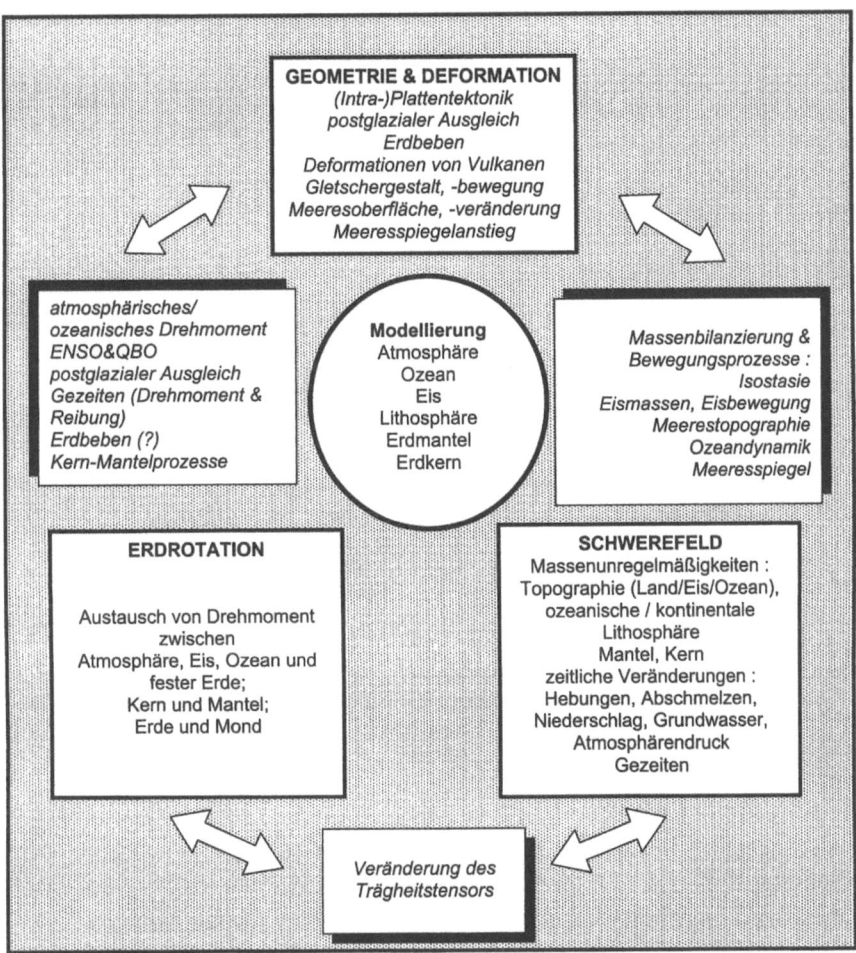

Abb. 1: Die Elemente Geometrie, Erdrotation und Schwerefeld als Grundpfeiler eines globalen geodätisch/geodynamischen Beobachtungssystems.

Probemassen im Innern des Satelliten, die durch das Gravitationsfeld der Erde verursacht werden. Nur im Massenzentrum eines Satelliten verharrt eine Probemasse relativ zur Satellitenhülle schwebend in einer Ruhelage. An jedem anderen Ort im Satelliten ist die Gravitationswirkung der Erde anders als im Massenzentrum. Die auftretenden Beschleunigungsdifferenzen erreichen über eine Basis von einem Meter Maximalwerte von $3 \cdot 10^{-7} \cdot g$. Sehr empfindliche Beschleunigungssensoren sind in der Lage diese sehr kleinen Beschleunigungen auf sechs Stellen genau zu messen. GOCE wird mit drei zueinander orthogonalen und kreuzförmig angeordneten Achsen ausgestattet sein, an deren

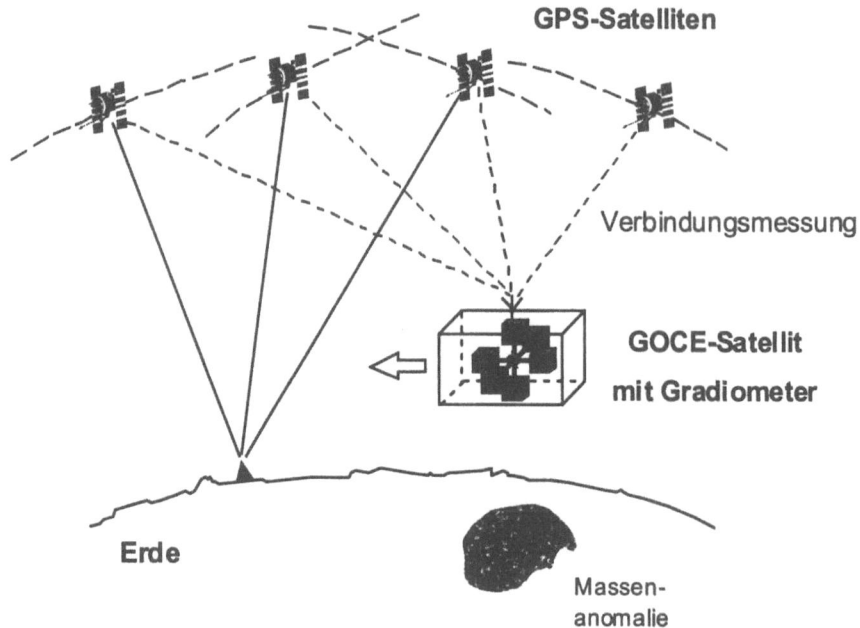

Abb. 2: Grundelemente der Schwerefeldbestimmung mit GOCE sind die Gradiometrie und die Nutzung von Verbindungsmessungen zu den Satelliten des globalen Positionierungssystems GPS.

Enden jeweils dreiachsige Beschleunigungsmesser angebracht sind, siehe Abbildung 2. Aus der Differenz zwischen den Meßwerten jeweils eines Paares dieses Instruments lassen sich insgesamt neun zweite Ableitungen des Gravitationspotentials der Erde ableiten. Es sind die Elemente des „Gezeitentensors" (der von der Erde im Satelliten erzeugten Gezeiten). Zweite Ableitungen wirken als Verstärker der Detailinformation des Gravitationsfelds der Erde. Sie wirken der natürlichen Glättung des Gravitationsfelds mit zunehmendem Abstand des Satelliten von der Erdoberfläche entgegen. Nichtgravitative Bremskräfte auf den Satelliten – z. B. durch den Widerstand der Restatmosphäre – werden durch die Differenzbildung der Beschleunigungsmeßwerte weitgehend eliminiert; rotatorische Beschleunigungsanteile lassen sich aus den Meßelementen separieren.

Um die verstärkende Wirkung der Gravitationsfeldmessung über Gradiometrie optimal zu nutzen, wird der Satellit über Nachsteuerung künstlich in einer extrem niedrigen Bahn von nur 250 km gehalten. Um eine globale Überdeckung mit Meßdaten zu erreichen, wird eine polnahe Bahn gewählt. Die

Bahntrajektorie läßt sich zentimetergenau mit einer Meßverbindung zu den Satelliten des globalen Positionierungssystems GPS bestimmen. Jede gemessene Komponente des Gravitationstensors resultiert in einer unabhängigen, sehr detaillierten Abbildung des Erdschwerefelds in Satellitenhöhe, die komplementär zu den Abbildungen aus den anderen Komponenten ist (ESA, 1999).

Wie fließt das so gewonnene, sehr detaillierte Bild des Erdschwerefelds in die Erdwissenschaften ein? Zum einen erlaubt das Erdschwerefeld sozusagen einen Blick ins Erdinnere. Es ist ein Abbild der Dichteanomalien im Erdinnern, wenngleich sich die Dichteanomalien aus dem gemessenen Schwerefeld nicht eindeutig zurückrechnen lassen; es handelt sich um ein inverses Problem. Kombiniert man jedoch Schwerefeldinformation mit Topographie, magnetischen Anomalien und seismischer Tomographie, so wird die mögliche Lösungsmenge stark eingeschränkt. Man erlangt ein sehr zuverlässiges und detailliertes Bild des Erdinneren. Insbesondere ist zu erwarten, daß ein vertieftes Verständnis der dynamischen Vorgänge der kontinentalen Lithosphäre und des oberen Erdmantels erreichbar wird, d. h. von Prozessen wie der Bildung von Grabenzonen, der Dynamik von Sedimentbecken bis zur Gebirgsbildung und zu den Mechanismen von Erdbeben. Zum anderen läßt sich aus dem Schwerefeldmodell von GOCE ein sehr genaues Geoid berechnen (Vaniček & Christou, 1993). Das Geoid ist die Äquipotentialfläche des Schwerefelds auf mittlerer Meereshöhe. Es repräsentiert die hypothetische Ruhefläche der Ozeane und ist Bezugsfläche aller topographischen Höhen, ob dies die uns bekannten Meereshöhen von Punkten auf dem Land oder die sehr kleine dynamische Topographie der Ozeane sind. Da sich die Form der Ozeanoberflächen vom Satelliten aus mit Radar sehr genau messen läßt, eröffnet sich erstmals die Möglichkeit aus der Differenz von Ozeanoberfläche und Geoid direkt die dynamische Topographie der Ozeane als Abweichung der tatsächlichen Ozeanoberfläche von der Oberfläche des hypothetischen Ozeans im Ruhezustand zu bestimmen. Die dynamische Topographie wird in einem weiteren Schritt unter Annahme eines geostrophischen Gleichgewichts direkt umgesetzt in Oberflächenzirkulation. Der Ozeanographie und Klimaforschung wird somit ein direktes Bild der Oberflächenzirkulation und der zeitlichen Evolution der Zirkulationssysteme in die Hand gegeben. In einem weiteren Schritt wird die so ermittelte Oberflächenzirkulation als Randbedingung in die Modellierung der Ozeane eingeführt. Sie macht die bisher übliche Annahme der Existenz einer Ruhefläche in einer bestimmten Tiefe überflüssig. Es läßt sich zeigen, daß über diesen Ansatz die Bestimmung von Massen- und Wärmetransport in den oberflächennahen Schichten der Ozeane deutlich verbessert wird (LeGrand & Minster, 1999).

Allgemein läßt sich feststellen, daß eine wesentlich verbesserte Kenntnis des Schwerefelds für eine Reihe von Problemstellungen in Geodäsie, Geophysik, Ozeanographie, Glaziologie und für die Erforschung der Meeresspiegelschwankungen von großem Nutzen sein wird. Mit den Satellitenmissionen CHAMP, GRACE und GOCE wird die Qualität der Erdschwerefeldbestimmung auf das Niveau gebracht, das notwendig ist, um mit den beiden anderen Säulen der Geodäsie, der Erfassung der Geometrie des Erdkörpers und seines Rotationsverhaltens im Inertialraum, kompatibel zu sein. Selbst die sehr kleinen zeitlichen Veränderungen des Schwerefelds als Folge von zum Beispiel Grundwasservariationen, saisonalen Zyklen in der Schneebedeckung oder des Massenaustauschs zwischen Eis, Ozeanen und Atmosphäre werden meßbar sein und als neue Größen in die Erdsystemforschung eingehen (Committee on Gravity from Space, 1997).

Das Ziel der Geodäsie dieser Dekade ist die Verknüpfung der drei Säulen Geometrie, Erdrotation und Schwerefeld in einem globalen Bezugssystem. Gelingt es, einen derartigen uniformen Bezugsrahmen auf dem Niveau von 10^{-9} über Dekaden stabil zu realisieren, so lassen sich Veränderungen des Erdsystems wie etwa Abschmelzen der Eismassen und postglaziale Ausgleichsbewegungen in ihrer Auswirkung auf die Oberflächengestalt, auf das Rotationsverhalten und das Erdschwerefeld studieren. Es entsteht ein integriertes und durch moderne Satellitenverfahren sehr zuverlässiges Erfassungssystem im Zentrum der Erdsystemforschung. Die Geodäsie ist zuversichtlich, daß sie schon bald mit den modernen Satellitenverfahren eine sehr umfassende Information über Formveränderungen der Erde und des Massen- und Energieaustauschs zwischen den Systemkomponenten Atmosphäre, Ozeane, Eis und feste Erde liefern kann.

Literatur

Committee on Earth Gravity from Space (1997) Satellite Gravity and the Geosphere, National Academy Press, Washington D.C., 111pp.

ESA (1999) Gravity Field and Steady-State Ocean Circulation Mission, European Space Agency, SP-1233 (1), 216pp.

Kovalevsky, J, I. I. Mueller, B. Kolaczek (eds.) (1989) Reference Frames, Kluwer Academic Publishers, Dordrecht, 474pp.

Lambeck, K. (1980) The Earth's Variable Rotation, Cambridge University Press, Cambridge, 448pp.

Lambeck, K. (1988) Geophysical Geodesy, Clarendon Press, Oxford, 716pp.

LeGrand, P., J.-F. Minster (1999) Impact of the GOCE Gravity Mission on Ocean Circulation Estimates, Geophysical Research Letters, 26, 13, 1881–1884.

Ma C., M. Feissel (eds.) (1997) Definition and Realization of the International Celestial Reference Frame by VLBI Astrometry of Extragalactic Objects, IERS Technical Note 23.

Rummel, R., H. Drewes, W. Bosch, H. Hornik (eds.) (2000) Towards an Integrated Global Geodetic Observation System (IGGOS), Springer, Heidelberg, 270pp.

Vaniček, P., N. T. Christou (eds.) (1993) Geoid and its Geophysical Interpretations, CRC Press, Boca Raton, 343pp.

Mikrobiologie im Zeitalter der Genomforschung

von *Alfred Pühler*, Bielefeld

Genomforschung, eine Herausforderung für das Fachgebiet Mikrobiologie

Das Fachgebiet Mikrobiologie geht auf die Arbeiten von Antonie van Leeuwenhoek (1632–1723) zurück, dem es mittels neuentwickelter mikroskopischer Methoden zum ersten Mal gelang, Einzeller sichtbar zu machen. Als eigentliche Gründungsväter der Mikrobiologie müssen dann aber Louis Pasteur (1822–1895) und Robert Koch (1843–1910) gesehen werden. Louis Pasteur widerlegte die Urzeugungshypothese mit Gärungsversuchen und Robert Koch gelang die Aufklärung von mikrobiellen Infektionskrankheiten. Anschließend zeigten S. Winogradsky (1856–1953) und M. Beijerinck (1851–1931), dass Mikroorganismen ganz allgemein am Kohlenstoff-, Stickstoff- und Schwefelkreislauf der Natur beteiligt sind. Eine neue Epoche wurde mit der mikrobiellen Biotechnologie eingeläutet. A. Fleming (1881–1955) und S. A. Waksman (1888–1973) entdeckten die Antibiotika Penicillin und

Tabelle 1: Historische Entwicklung des Fachgebietes Mikrobiologie

---

1. Phase: Entdeckung der Mikroorganismen (1680–1860)
Mikroskopische Beobachtung von Einzellern durch Antonie van Leeuwenhoek

2. Phase: Gärungsprozesse und Medizinische Mikrobiologie (1860–1910)
Widerlegung der Urzeugungshypothese durch Louis Pasteur und Aufklärung von mikrobiellen Infektionskrankheiten durch Robert Koch

3. Phase: Allgemeine Mikrobiologie (1885–1930)
Festlegung der Rolle von Mikroorganismen im C-, N- und S-Kreislauf durch S. Winogradsky und M. Beijerinck

4. Phase: Beginn der mikrobiellen Biotechnologie (ab 1928)
Entdeckung der Antibiotika Penicillin durch A. Fleming und Streptomycin durch S. A. Waksman

5. Phase: Entwicklung der molekularen Mikrobiologie, einschließlich der Gentechnik (ab 1953)
Aufklärung der DNA-Struktur durch J. D. Watson und F. Crick

6. Phase: Mikrobielle Genomforschung (ab 1995)
Totalsequenzierung von mikrobiellen Genomen und Funktionsvorschläge für identifizierte Gene mittels Bioinformatik

Streptomycin. Die Mikrobiologie spielte anschließend bei der Entwicklung der Molekulargenetik eine herausragende Rolle. Mit der Aufklärung der DNA-Struktur im Jahre 1953 durch J. D. Watson und F. Crick setzte eine ungeheure Ergebnisflut ein, die schließlich in den ersten gentechnischen Experimenten an Bakterien ihren Höhepunkt fand. Seit kurzem steht das Fachgebiet Mikrobiologie einer neuen Herausforderung gegenüber. Durch Entwicklung von effektiven Sequenziermethoden ist es seit rund fünf Jahren möglich, die Gesamtsequenz von mikrobiellen Erbspeichern zu bestimmen [1]. Damit ist eine neue Qualitätsebene erreicht. Man wird in Zukunft bei interessanten Mikroorganismen zunächst deren Gesamtsequenz bestimmen und auf einer solchen Datenlage aufbauend dann sehr viel gezielter an die Analyse von biologischen Fragestellungen gehen können. Ein Überblick über die historische Entwicklung im Fachgebiet Mikrobiologie ist der Tabelle 1 zu entnehmen.

Die Genomforschung baut auf den Methoden der DNA-Sequenzierung auf. Hierzu entwickelten A. Maxam und W. Gilbert zunächst die chemische Degradationsmethode, die in der Zwischenzeit jedoch von der von F. Sanger eingeführten Kettenabbruchmethode abgelöst wurde [2]. Um die Sanger-Methode im Detail zu verstehen, ist es notwendig, sich das Modell der DNA-Doppelhelix vor Augen zu führen. Eine Darstellung dieses Modells ist in Abb. 1 gegeben. Die DNA-Doppelhelix kann man sich als Wendeltreppe vorstellen, die durch Verdrehung einer Leiter entstanden ist. Die Elemente der Leiter, nämlich Holme und Sprossen können chemisch erfasst werden. Die Holme stellen Zuckerphosphatketten dar, während die Sprossen aus Basenpaaren bestehen. Von Bedeutung ist, dass es praktisch nur zwei Arten von Basenpaaren gibt: Das Adenin-Thymin (A–T)-Paar und das Guanin-Cytosin (G–C)-Paar. In der Basensequenz ist nun die genetische Information gespeichert. Die Natur hat hierzu ein sehr einfaches System gewählt und speichert lediglich die lineare Aminosäuresequenz von Proteinen. Da es insgesamt zwanzig verschiedene Aminosäuren und nur vier Nukleinsäurebasen gibt, ist rein rechnerisch der genetische Code als Triplettcode festgelegt. Man kann an dieser Stelle auch die Größe von einzelnen Genen abschätzen. Da ein Protein mittlerer Größe aus etwa 330 Aminosäuren besteht, errechnet sich für das dazugehörige Gen eine Größe von rund 1000 Basenpaaren. Wie groß sind nun die Erbspeicher der verschiedenen Organismen? Die kleinsten bekannten Organismen sind wohl Viren, die im Extremfall nur drei Gene besitzen und deshalb einen Erbspeicher von ca. 3×10^3 Basenpaaren besitzen. Der Erbspeicher eines typischen Mikroorganismus ist dann schon um den Faktor 10^3 größer. Ein solcher Mikroorganismus besitzt demnach 3000 Gene und würde einen Erbspeicher von 3×10^6 Basenpaaren aufweisen. Bei vielzelligen Organismen, z. B. bei Pflanze, Tier und Mensch, sind die Erbspeicher nochmals um

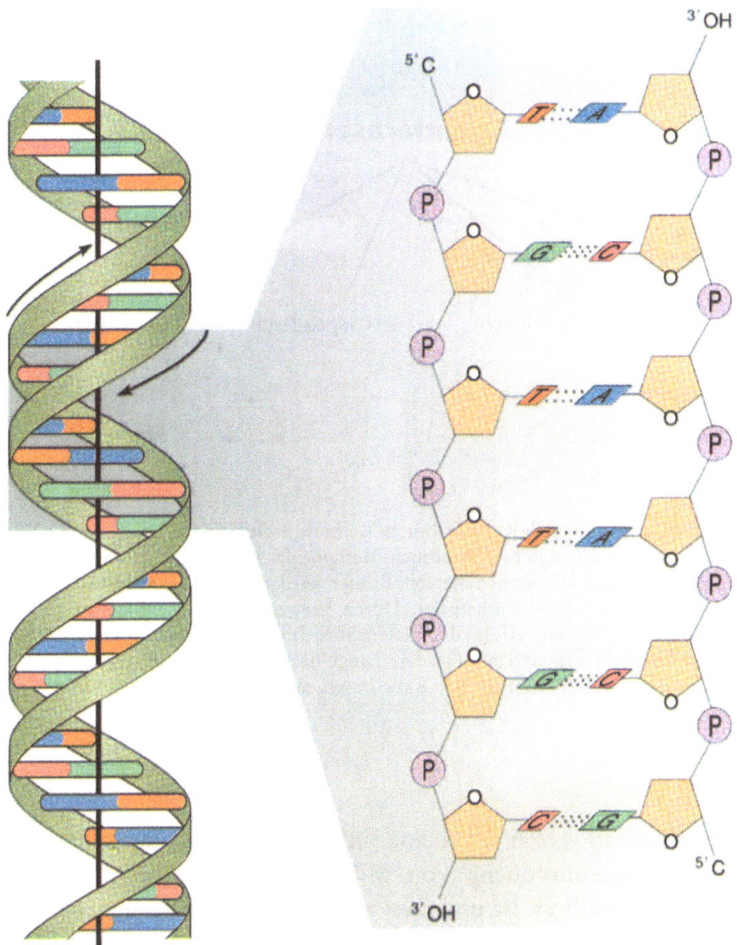

Abb. 1: Das Watson-Crick-Modell der Desoxyribonukleinsäure (DNA)
In der rechten Bildhälfte ist das Leitermodell der DNA dargestellt. Die Holme bestehen aus Zuckerphosphat-Ketten und die Sprossen aus den Basenpaaren A = T und G ≡ C. In der linken Bildhälfte ist das 3-dimensionale Watson-Crick-Modell der DNA wiedergegeben, das durch Verdrillung des Leitermodells entsteht.
Abkürzungen: A: Adenin; T: Thymin; G: Guanin; C: Cytosin; P: Phosphat

den Faktor 10^3 größer. Beim Menschen rechnet man mit 3×10^9 Basenpaaren, wobei allerdings die Anzahl der Gene mit ca. 100 000 nicht mehr in gleicher Weise ansteigt. Um die Anzahl der menschlichen Gene ist zur Zeit ein heftiger Streit entbrannt, wobei Zahlen zwischen 40 000 und 140 000 gehandelt werden. Aus diesen Betrachtungen lässt sich ersehen, dass die Entschlüsselung der

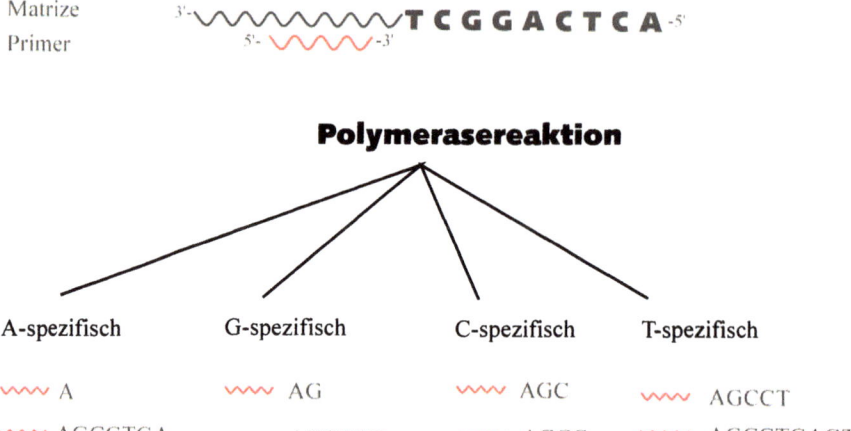

Abb. 2: Die Didesoxy- oder auch Kettenabbruch-Methode nach F. Sanger
Die Didesoxy- oder auch Kettenabbruch-Methode nach F. Sanger nutzt die DNA-Replikation. An einem Matrizenstrang mit Primer wird mittels Polymerasekettenreaktion (PCR) der neue Strang synthetisiert. Durch Verwendung von definierten Didesoxynukleosid-triphosphaten erfolgt der Kettenabbruch spezifisch nach Adenin (A), Guanin (G), Cytosin (C) oder Thymin (T). Die Länge der neusynthetisierten Stränge wird im Polyacrylamid-Gel bestimmt, woraus die Basensequenz der replizierten DNA ermittelt werden kann.

genetischen Information von Viren eine einfachere Aufgabe darstellt, dass die Erstellung der Gesamtsequenz von Mikroorganismen schon wesentlich schwieriger durchzuführen ist und dass nach wie vor die Sequenzierung der Genome vielzelliger Organismen einen enormen Aufwand benötigt, was das Beispiel des Humangenomprojekts ja lehrt.

Nach Kenntnis der DNA-Struktur soll kurz auf die von F. Sanger etablierte Kettenabbruchmethode eingegangen werden. F. Sanger nutzt für seine Sequenziermethode die von der Natur vorgegebene Replikation der Erbinformation (Abb. 2). Hierzu ist das Enzym DNA-Polymerase nötig, das an einem Matrizenstrang mit Primer den Einzelstrang nach den Regeln der Basenpaarung zum Doppelstrang ergänzt. Diesen Replikationsvorgang macht sich F. Sanger zu Nutze und erzwingt spezifische Kettenabbrüche jeweils nach Adenin (A), Guanin (G), Cytosin (C) und Thymin (T). Als Produkt bekommt er neu synthetisierte Einzelstränge, die je nach Kettenabbruch unterschiedliche Längen aufweisen. Diese Längen lassen sich im Polyacrylamid-Gel bestimmen und ermöglichen einen Rückschluss auf die Position der Basen A, G, C und T in dem zu sequenzierenden DNA-Fragment. Die ersten Sequenzierexperimente waren reine Handarbeit und dementsprechend auch sehr arbeitsaufwändig. In der Zwischenzeit wurde bereits ein hoher Grad an Automatisierung erreicht, wobei vor allem die einzelnen Schritte mit Robotern durchgeführt und die Sequenzierergebnisse direkt in den Computer eingelesen werden. Mit den heute auf dem Markt befindlichen Kapillarsequenziergeräten lässt sich das Genom eines Mikroorganismus mit 3×10^6 Basenpaaren in rund zwei Wochen sequenzieren.

Nach dieser Einführung muss noch deutlich gemacht werden, dass man unter Genomforschung weit mehr versteht als reine Genomsequenzierung. Insgesamt fasst man heute unter dem Oberbegriff Genomforschung neben der Genomsequenzierung die Teilgebiete Bioinformatik, Transkriptionsanalyse und Proteomanalytik zusammen. Die Bioinformatik hilft dabei, die Primärsequenz eines Genoms zu interpretieren, d. h. Gene zu erkennen und Funktionen für diese Gene vorzuschlagen. Die Transkriptionsanalyse schließlich nutzt die Mikroarray- oder Chiptechnologie, um die Aktivität aller Gene eines Organismus in Abhängigkeit von bestimmten Umweltparametern zu ermitteln. Während die Transkriptionsanalyse mit RNA-Transkripten arbeitet, konzentriert sich die Proteomanalytik auf die eigentlichen Genprodukte, also auf Proteine. Die Proteomanalytik schafft es, einzelne Proteinspots aus einem zweidimensionalen Proteingel mittels Massenspektrometrie dem entsprechenden Gen zuzuordnen. Diese integrierte Genomforschung, die Bioinformatik, Transkriptionsanalyse und Proteomanalytik mit einschließt, geht natürlich über eine reine Bestandsaufnahme von Genen weit hinaus. Sie entwirft ein dynamisches Bild des Genoms und analysiert, welche Gene in einem bestimmten Umfeld aktiv sind und wie diese Gene sich gegenseitig beeinflussen.

Mikrobielle Genomforschung am Beispiel eines Resistenzplasmids

Die Leistungsfähigkeit der mikrobiellen Genomforschung soll anhand der Analyse eines Antibiotikaresistenzplasmids demonstriert werden. Ausgewählt wurde das Resistenzplasmid pTP10 aus dem Gram-positiven Stamm *Corynebacterium striatum*. Dieser Stamm wurde ursprünglich in Japan als Begleitflora eines Patienten mit Mittelohrentzündung isoliert [3]. Die Japaner berichteten 1983, dass der genannte Stamm ein Plasmid trägt – heute pTP10 genannt –, das Resistenz gegen die Antibiotika Erythromycin, Tetrazyklin, Chloramphenicol und Kanamycin vermittelt. Da der Bielefelder Lehrstuhl für Genetik zu dem damaligen Zeitpunkt an der Entwicklung von Kloniervektoren für Corynebakterien arbeitete, interessierten wir uns für die auf dem Plasmid pTP10 lie-

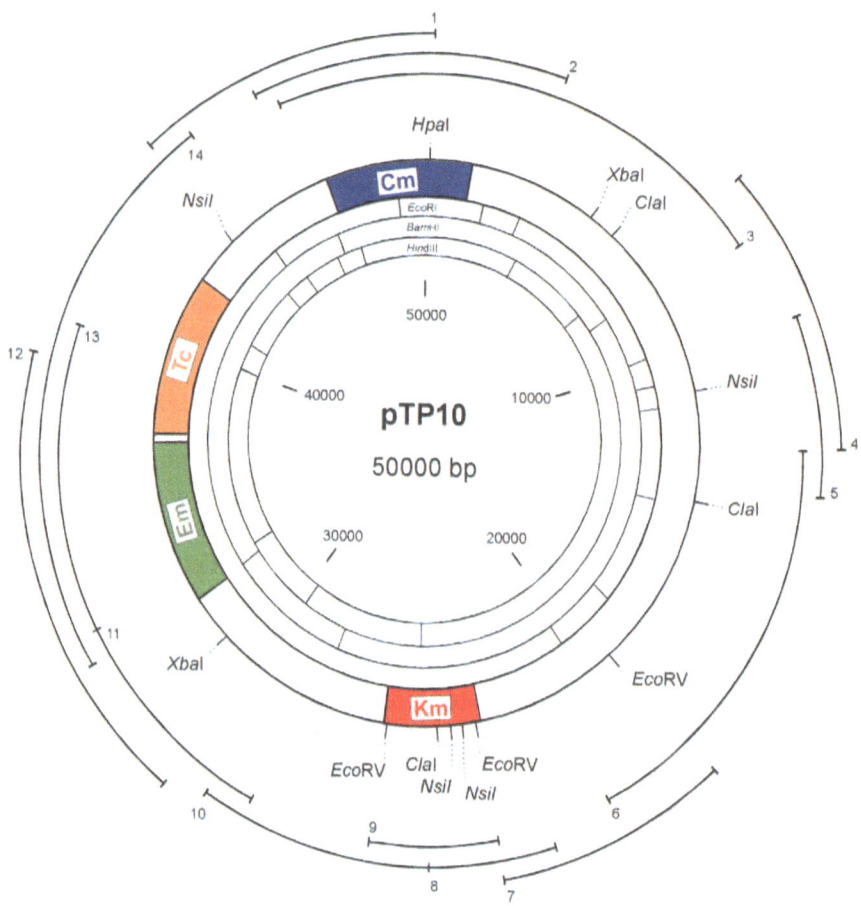

Abb. 3: Die genetische Karte des Antibiotikaresistenzplasmids pTP10 aus einem multiresistenten humanpathogenen *Corynebacterium striatum*-Stamm
Das Resistenzplasmid pTP10 wurde abschnittsweise in *Escherichia coli* kloniert und Restriktionskarten für *Eco*RI, *Bam*HI und *Hin*dIII angelegt. Eingetragen sind weitere Restriktionsschnittstellen für die Endonukleasen *Hpa*I, *Xba*I, *Cla*I, *Nsi*I und *Eco*RV. Die Lage der Resistenzgene für die Antibiotika Kanamycin (Km), Erythromycin (Em), Tetrazyklin (Tc) und Chloramphenicol (Cm) sind angegeben.

genden Antibiotikaresistenzgene (Abb. 3). Zu diesem Zweck isolierten wir die DNA des Resistenzplasmids pTP10 und klonierten diese abschnittsweise in *Escherichia coli* [4]. Wir konnten feststellen, dass von den vier Antibiotikaresistenzgenen des pTP10-Plasmids drei in *E. coli* Aktivität zeigten. Hierbei handelte es sich um das Erythromycin-, das Chloramphenicol- und das Kanamy-

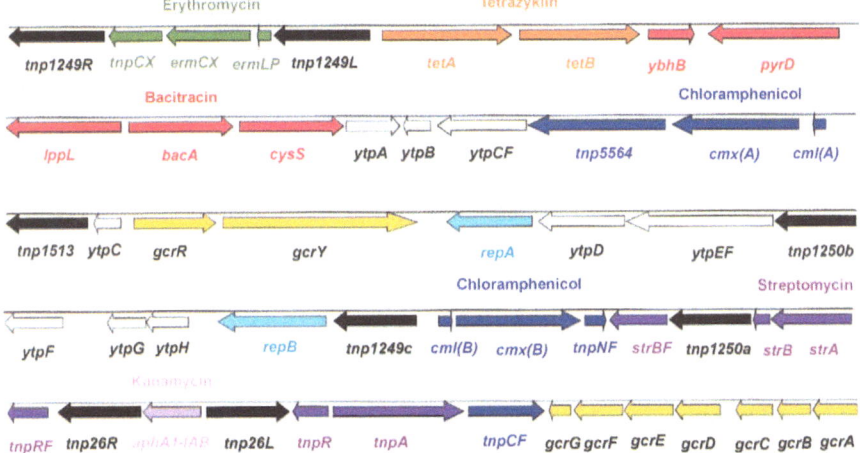

Abb. 4: Genkarte des Antibiotikaresistenzplasmids pTP10 aus *Corynebacterium striatum*
Nach Sequenzierung des pTP10-Plasmids wurde eine exakte Länge von 51.409 bp ermittelt. Aus der Basensequenz konnte die angegebene Genstruktur abgeleitet werden. Die Gennamen werden nicht einzeln erläutert. Angegeben sind die Genbereiche, die nach Annotation Resistenz gegen die Antibiotika Erythromycin, Tetrazyklin, Bacitracin, Chloramphenicol und Streptomycin vermitteln sollten.

cinresistenzgen. Das Tetrazyklinresistenzgen vermittelte in *E. coli* jedoch keine Resistenz.

Nach diesen ursprünglichen Analysen griffen wir vor kurzem die Arbeiten an diesem Resistenzplasmid wieder auf und untersuchten die auf dem Genom liegende genetische Information mit Methoden der Genomforschung. Dazu erstellten wir zunächst die Gesamtnukleotidsequenz des pTP10-Plasmids und nutzten Methoden der Bioinformatik zur Festlegung von offenen Leserastern und zur Zuweisung von möglichen Funktionen [5]. Nach Überarbeitung der gelieferten Daten liegt uns nun eine genaue Genkarte des pTP10-Plasmids (Abb. 4) vor, die natürlich auch Detailinformationen über die schon bekannten Antibiotikaresistenzgene enthält [6]. Überraschend wurde gefunden, dass das Chloramphenicolresistenzgen doppelt auftritt und dass außerdem noch Gensequenzen vorhanden sind, die auf eine Bacitracinresistenz und eine Streptomycinresistenz hinweisen. Ausführliche mikrobiologische Versuche haben jedoch gezeigt, dass diese möglichen Resistenzgene im pTP10-Plasmid nicht aktiv sind.

Die detaillierten Analysen des pTP10-Plasmids mit Mitteln der Genomforschung haben weitere interessante Befunde geliefert, die einerseits den Resistenzmechanismus und andererseits die Herkunft der Antibiotikaresistenz-

Tabelle 2: Die Antibiotikaresistenzgenbereiche des pTP10-Plasmids

pTP10-Bereich	Resistenzmechanismus	verwandter Bereich aus anderen Mikroorganismen
Erythromycinresistenz	Methylierung der 23 S ribosomalen RNA	*Corynebacterium diphtheriae* (Diphtherie-Erreger)
Tetrazyklinresistenz	Efflux über einen heterodimeren ABC-Transporter	nicht gefunden
Bacitracinresistenz	Phosphorylierung von Undecaprenol (in pTP10 nicht aktiv)	*Mycobacterium tuberculosis* (Tuberkulose-Erreger)
Chloramphenicolresistenz Kopie 1 und Kopie 2	Export über Membranprotein	*Corynebacterium glutamicum* (nicht pathogenes Bodenbakterium)
Streptomycinresistenz	Phosphorylierung (in pTP10 nicht aktiv)	*Pseudomonas syringae, Xanthomonas campestris, Erwinia amylovora* (pflanzenpathogene Mikroorganismen)
Kanamycinresistenz	Phosphorylierung	*Pasteurella piscicida, Klebsiella pneumoniae, Salmonella typhimurium* (tier- bzw. humanpathogene Mikroorganismen)

gene betreffen. In Tabelle 2 sind diese Befunde zusammengefasst. Zunächst wird deutlich, dass sehr unterschiedliche Resistenzmechanismen verwirklicht sind. In zwei Fällen exportiert die Bakterienzelle die beteiligten Antibiotika Tetrazyklin [7] und Chloramphenicol [8] aus der Zelle heraus. Im Falle von Kanamycin wird das Antibiotikum durch Phosphorylierung inaktiviert [6] und im Falle von Erythromycin wird der Zielort des Antibiotikums, nämlich das Ribosom, durch Methylierung der 23S-RNA verändert und damit für das Antibiotikum unzugänglich gemacht [9, 10].

Von besonderer Überraschung waren aber die aufgefundenen Verwandtschaftsbeziehungen von Bereichen des pTP10-Plasmids mit einer Vielzahl von sehr unterschiedlichen Bakterienspezies. Für drei Bereiche wurden Verwandtschaftsbeziehungen zu Gram-positiven Mikroorganismen aufgedeckt, wobei der Diphtherie-Erreger *Corynebacterium diphtheriae* und der Tuberkulose-Erreger *Mycobacterium tuberculosis* besonders auffällig sind [11, 12]. Zwei Bereiche des pTP10-Plasmids hingegen zeigten Verwandtschaft zu Gram-negativen Bakterien, in einem Falle zu pflanzenpathogenen und im anderen Falle zu tierpathogenen Bakterien [13, 14].

Die Leistungsfähigkeit der Genomforschung soll im Weiteren an drei ausgewählten Beispielen, die die Tetrazyklinresistenz, die Streptomycinresistenz und die Kanamycinresistenz betreffen, nochmals detailliert gezeigt werden. In

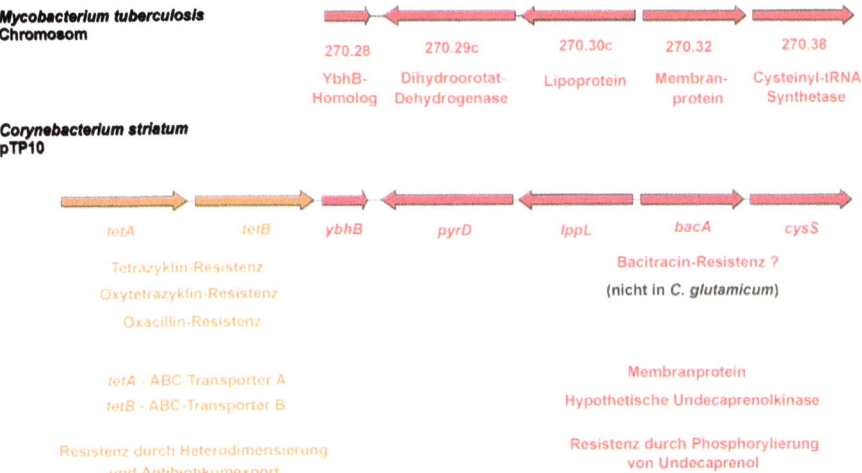

Abb. 5: Ausschnitt aus der pTP10-Karte mit den Resistenzen gegen Bacitracin und Tetrazyklin
Für die pT10-Genregion mit den Genen *ybhB*, *pyrD*, *lppL*, *bacA* und *cysS* wurde eine hohe Homologie zu einem chromosomalen Abschnitt des *Mycobacterium tuberculosis*-Genoms gefunden. Das *bacA*-Gen kodiert für ein putatives Membranprotein, das durch Phosphorylierung von Undecaprenol Resistenz gegen Bacitracin vermitteln sollte. Die Gene *tetA* und *tetB* kodieren für die ABC-Transporter A und B. Sie vermitteln Resistenz gegen die Antibiotika Tetrazyklin, Oxytetrazyklin und Oxacillin.

Abb. 5 ist ein Abschnitt der Genkarte des pTP10-Plasmids wiedergegeben, der die Gene für Tetrazyklinresistenz und Bacitracinresistenz beinhaltet. Zunächst wird in dieser Abbildung auf eine Verwandtschaft zu dem *Mycobacterium tuberculosis*-Chromosom hingewiesen, die sich über fünf Gene erstreckt und auch das Bacitracinresistenzgen *bacA* mit einschließt. Direkt benachbart zu dieser Region liegt die Tetrazyklinresistenzgenregion, die aus den beiden sehr ähnlichen Genen *tetA* und *tetB* besteht [7]. Die Ähnlichkeit der Gene ergibt sich aus dem Vergleich ihrer Aminosäuresequenzen. Diese Aminosäuresequenzen lassen aber noch weitere Schlüsse auf die Funktionen der Gene *tetA* und *tetB* zu. Zunächst findet man, dass die Genprodukte fünf Abschnitte mit hydrophoben Aminosäureresten aufweisen, die leicht als Membrandurchgänge identifiziert werden können. Außerdem findet man weitere Aminosäuremotive, die es nahe legen, dass diese beiden Genprodukte ABC-Transporter darstellen [15]. Nach dieser Analyse lässt sich spekulieren, dass diese ABC-Transporter das Antibiotikum Tetrazyklin aus der Zelle heraustransportieren. Die Frage, ob die beiden Gene *tetA* und *tetB* für die Tetrazyklinresistenz benötigt werden, lässt sich mit einfachen Klonierexperimenten beantworten. In Abb. 6 werden drei Klonierexperimente gezeigt, bei denen das *tetA*-Gen,

1. Expression von *tetA*

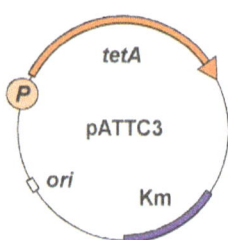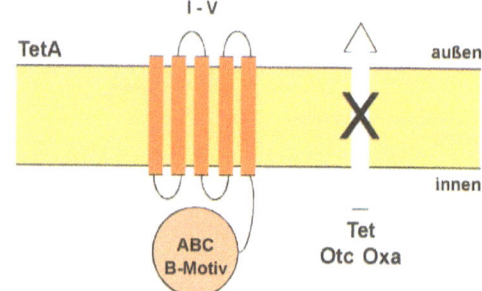

2. Expression von *tetB*

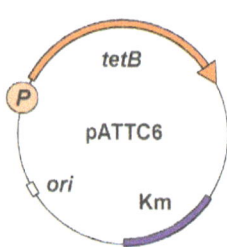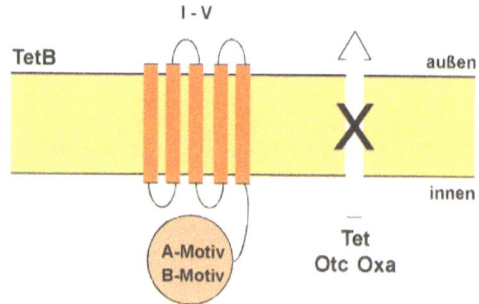

3. Expression von *tetAB*

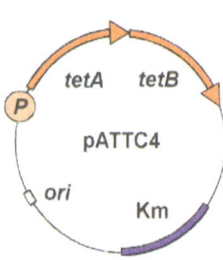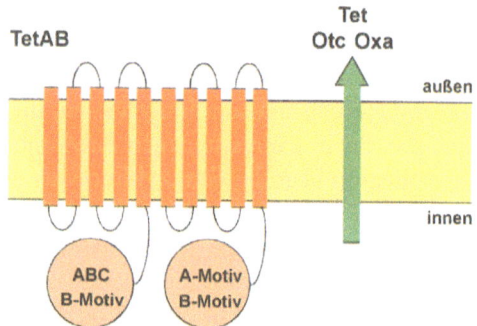

Abb. 6: Aufklärung des Tetrazyklinresistenzmechanismus, der durch die Gene *tetA* und *tetB* des Plasmids pTP10 vermittelt wird.
Die Gene *tetA*, *tetB* und das Tandem *tetA tetB* wurden in *Corynebacterium glutamicum* kloniert. In der linken Bildhälfte werden die konstruierten Expressionsplasmide gezeigt. In der rechten Bildhälfte sind die ABC-Transporter mit jeweils 5 Membrandurchgängen dargestellt. Nur im Falle des Tandem-Expressionsplasmids tritt Resistenz gegen Tetrazyklin (Tet), Oxytetrazyklin (Otc) und Oxacillin (Oxa) auf.
Abkürzungen: p: konstitutiver Promotor; *ori*: Replikationsursprung; Km: Kanamycinresistenz; ABC-site: ABC-Motiv

das *tetB*-Gen und das Tandem aus dem *tetA*-Gen und dem *tetB*-Gen jeweils in ein Vektorplasmid eingebunden und nach *Corynebacterium glutamicum* transformiert wurden. Nur im Tandemfall wurde in C. *glutamicum* eine Tetrazyklinresistenz beobachtet, woraus man schließen kann, dass beide Gene für die Ausprägung der Tetrazyklinresistenz benötigt werden [7]. Insgesamt lässt sich daraus ableiten, dass die Tetrazyklinresistenz auf einem Heterodimer beruht, das von zwei unterschiedlichen ABC-Transportern gebildet wird. Dieses Heterodimer ist für das Ausschleusen des Antibiotikums aus der Zelle verantwortlich. Es muss an dieser Stelle deutlich gemacht werden, dass es sich bei diesem Ergebnis um einen neuen Resistenzmechanismus für Tetrazyklin handelt, der vorher nicht bekannt war. Es ist offensichtlich, dass erst der Einsatz der Genomforschung eine solche zielgerichtete Analyse ermöglicht hat.

Äußerst interessant gestaltet sich auch die Analyse einer DNA-Region des pTP10-Plasmids, die die beiden Streptomycinresistenzgene *strA* und *strB* beinhaltet [16]. Aus Homologievergleichen lässt sich ableiten, dass diese beiden Resistenzgene für Phosphotransferasen kodieren, die das Antibiotikum Streptomycin phosphorylieren und damit inaktivieren [17]. Diese DNA-Region enthält zusätzlich noch die Gene *tnpA* und *tnpR*, woraus man ableiten kann, dass es sich bei diesem Konstrukt um ein transponierbares genetisches Element handelt. Wie die Abb. 7 zeigt, enthält die Region noch das Transposon Tn*5715*, das im *tnpR*-Gen inseriert vorliegt und das Insertionselement IS*1250a*, das das *strB*-Gen inaktiviert. Die Grundstruktur *tnpA*, *tnpR*, *strA* und *strB* kann nun in einer Vielzahl von Gram-negativen, pflanzenpathogenen Mikroorganismen gefunden werden [18], nämlich als Transposon Tn*5393a* in *Pseudomonas syringae* pv. syringae [19], als Transposon Tn*5393b* in *Xanthomonas campestris* pv. vesicatoria [19] und als Transposon Tn*5393* in *Erwinia amylovora* [13]. Von Interesse ist noch, dass die vermittelte Streptomycinresistenz jeweils unterschiedlich stark exprimiert wird [19]. Im Falle von Tn*5393a* aus *P. syringae* pv. syringae werden die Gene *strA* und *strB* von dem schwachen Promotor vor *tnpR* abgelesen. Die minimale Inhibierungskonzentration erreicht lediglich 75 µg/ml. Im Gegensatz dazu wird im Falle von Tn*5393b* aus *X. campestris* pv. vesicatoria eine minimale Inhibierungskonzentration von 250 µg/ml erreicht. Hier liegt vor *tnpR* noch das IS-Element IS*6100* mit einem starken Promotor, der aus dem IS-Element herausliest. Das Transposon Tn*5393* aus *E. amylovora* vermittelt schließlich eine minimale Inhibierungskonzentration von 1000 µg/ml, was nicht verwundert, denn hier liegt das IS-Element IS*1133* mit dem starken, nach außen gerichteten Promotor direkt vor den Resistenzgenen *strA* und *strB*. Was nun *C. striatum* betrifft, so darf man nicht überrascht sein, wenn hier diese Resistenzgene nicht mehr

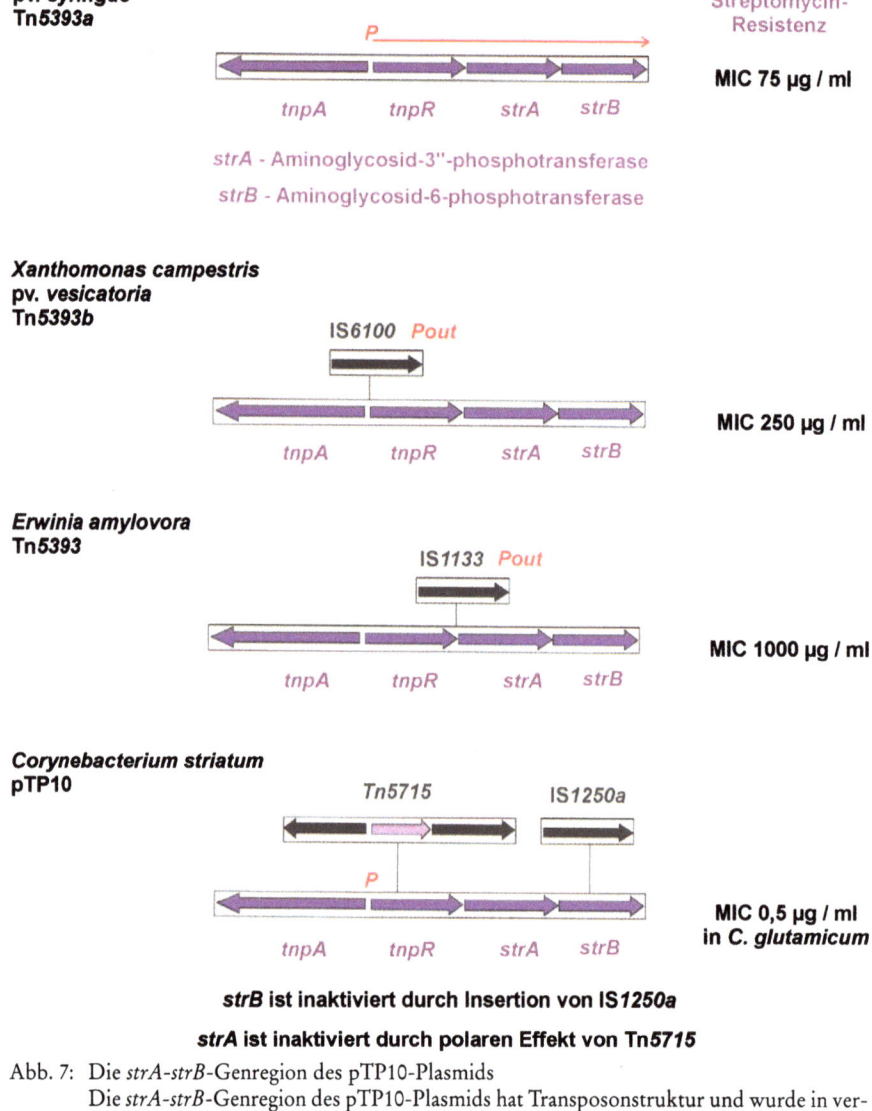

strB ist inaktiviert durch Insertion von IS1250a

strA ist inaktiviert durch polaren Effekt von Tn5715

Abb. 7: Die strA-strB-Genregion des pTP10-Plasmids
Die strA-strB-Genregion des pTP10-Plasmids hat Transposonstruktur und wurde in verschiedenen pflanzenpathogenen Bakterien nachgewiesen. In *Pseudomonas syringae* pv. syringae liegt die Region auf dem Transposon Tn5393a, in *Xanthomonas campestris* pv. vesicatoria auf Tn5393b und in *Erwinia amylovora* auf Tn5393. Die Gene strA und strB kodieren beide für Phosphotransferasen. Die unterschiedlichen minimalen Inhibierungskonzentrationen (MIC) lassen sich über Promotorstärken erklären. Angegeben sind noch die Insertionsorte der Insertionselemente IS6100, IS1133 und IS1250a bzw. des Transposons Tn5715.
Abkürzungen: p: Promotor; p_{out}: herauslesender Promotor; tnpA: Transposasegen; tnpR: Regulatorgen

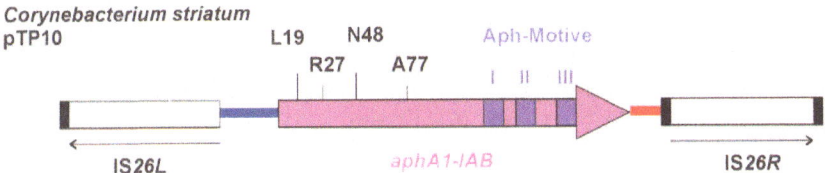
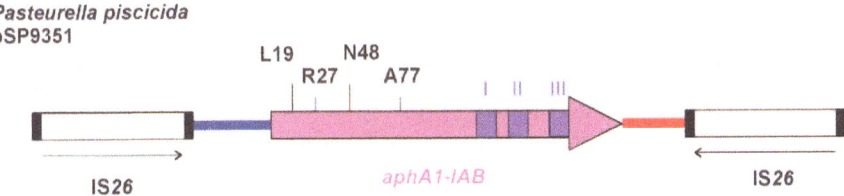
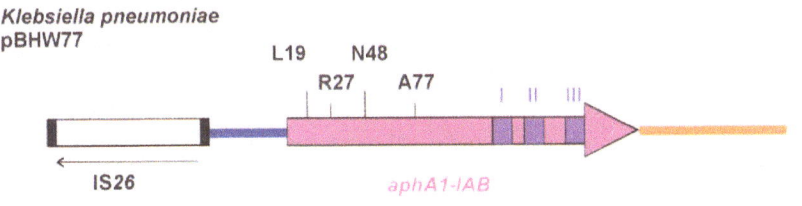
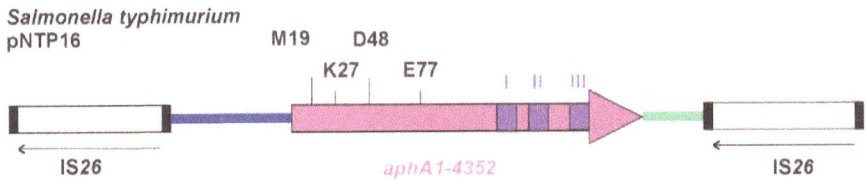

Abb. 8: Die Aminoglycosidresistenzgenregion des pTP10-Plasmids
Das Gen *aphA1* vermittelt Aminoglycosid – also Kanamycinresistenz. Es wird von den beiden IS-Elementen IS*26L* und IS*26R* begrenzt und stellt deshalb ein Transposon dar. Analoge Genregionen findet man auf dem Plasmid pSP9351 aus *Pasteurella piscicida*, auf pBHW77 aus *Klebsiella pneumoniae* und auf pNTP16 aus *Salmonella typhimurium*.
Abkürzungen: L19-R27-N48-A77 und M19-K27-B48-E77: zwei unterschiedliche Aminosäuremotive; I, II, III: spezielle Motive in Aminoglycosid-(3')(5")Phosphotransferasen.

aktiv sind. Das Gen *strB* ist ja durch IS*1250a* inaktiviert und für *strA* lässt sich kein Promotor ausmachen, der die Transkription dieses Gens veranlassen könnte. Dies liegt daran, dass *strA* durch den polaren Effekt der Tn*5715*-Insertion nicht transkribiert wird [6]. Erneut wird sichtbar, dass durch vergleichende Genomforschung ein detailliertes Bild über die Funktion von Genen in unterschiedlichen Organismen gewonnen werden kann.

Das dritte Beispiel, das die Leistungsfähigkeit der Genomforschung demonstrieren soll, betrifft die Kanamycinresistenzgenregion des pTP10-Plasmids (Abb. 8). Aus der abgeleiteten Aminosäuresequenz des Kanamycinresistenzgens lässt sich herausfinden, dass die Resistenz aufgrund einer Phosphotransferase-Aktivität zustande kommt [20]. Durch vergleichende Genomanalyse findet man, dass dieses Resistenzgen vor allem in Gram-negativen, tierpathogenen Mikroorganismen vorkommt. Dabei wird dieses Resistenzgen, *aphA1-IAB* genannt, von zwei Insertionselementen IS*26L* und IS*26R* eingerahmt. Praktisch die gleiche Struktur für dieses Resistenzgen findet man auf dem Plasmid pSP9351 aus dem fischpathogenen *Pasteurella piscicida*-Stamm [14]. Auch auf dem Plasmid pBHW77 aus dem *Klebsiella pneumoniae*-Stamm liegt wiederum das Kanamycinresistenzgen [20]; dieses Mal fehlt allerdings die zweite IS*26*-Kopie. Eine verwandte Kanamycinresistenz liegt schließlich auf dem Plasmid pNTP16 aus *Salmonella typhimurium*. Diese Kanamycinresistenz geht auf das Resistenzgen *aphA1-4352* zurück, das jedoch deutlich verändert ist und zu einem Genprodukt führt, das an vier Stellen signifikante Aminosäureabänderungen aufweist. Im letzten Falle sind die beiden begleitenden IS*26*-Kopien aber wieder vorhanden. Auch in diesem Beispiel wird offensichtlich, dass Genomforschung, speziell der Teilbereich Bioinformatik, einen enormen Reichtum an Wissen liefern kann, der ein analysiertes Gen plötzlich in ein schon vorhandenes Wissensnetz einbindet.

Die über Genomforschung am Beispiel des Plasmids pTP10 aufgefundenen Erkenntnisse sind vielfältig und in ihrer Gesamtheit in diesem Artikel nicht darstellbar. Ein Aspekt sollte aber nochmals herausgestellt werden und dieser Aspekt betrifft die überraschenden Verwandtschaftsbeziehungen einzelner DNA-Abschnitte des pTP10-Plasmids. Diese Verwandtschaftsbeziehungen wurden in einer sogenannten Evolutionskarte zusammengetragen, die in Abb. 9 wiedergegeben wird. Diese Karte zeigt die schon diskutierten Verwandtschaftsbeziehungen zu *C. diphtheriae* und *P. piscicida*. In Abb. 9 sind übrigens noch zwei Replikationsregionen *repA* und *repB* markiert, die ebenfalls interessante Homologien aufweisen. Die Replikationsregion *repA* besitzt Verwandtschaft zu Gram-negativen Bakterien, während *repB* Verwandtschaft zu Gram-positiven Bakterien offenbart [6]. Anhand dieser Verwandtschaftsbeziehungen lässt sich jetzt über die Evolution des pTP10-Plasmids spekulie-

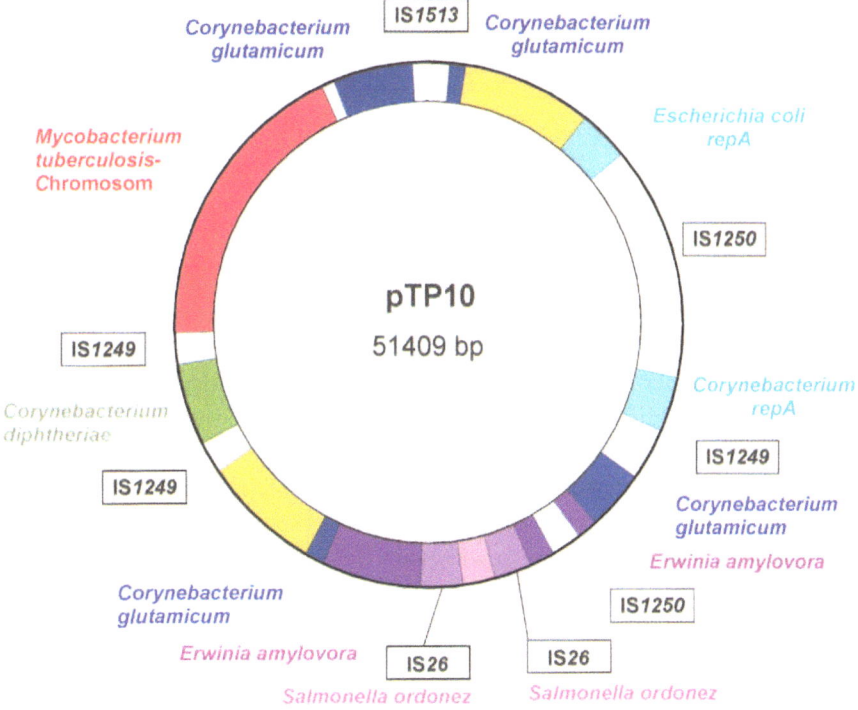

Abb. 9: Die Evolutionskarte des pTP10-Plasmids aus *Corynebacterium striatum*
Aufgezeigt werden die Bereiche des pTP10-Plasmids, die zu Genregionen aus unterschiedlichsten Bakterien Homologien aufweisen. Eingezeichnet sind auch die aufgefundenen Insertionselemente.

ren. Offensichtlich ist dieses Plasmid aus DNA-Fragmenten mit Antibiotikaresistenz- und Replikationsgenen aus sehr unterschiedlichen Bakterien zusammengesetzt. Auch die Frage nach dem Mechanismus, mit dem solch unterschiedliche DNA-Fragmente verbunden werden, kann eine Analyse der Genkarte des pTP10-Plasmids beantworten. Man findet dort eine Vielzahl von Insertionselementen vor, die für die Beladung von Plasmiden mit Antibiotikaresistenzgenen verantwortlich sind. Antibiotikaresistenzplasmide sind demnach als „hot spot" der Evolution zu bezeichnen. Die geschilderten Befunde offenbaren überzeugend, dass zwischen verwandtschaftlich weit entfernten Bakterienspezies ein Austausch von genetischer Information möglich ist. Man kann also nicht davon ausgehen, dass Bakterienspezies unabhängig voneinander evoluieren. Vielmehr gilt, dass über horizontalen Gentransfer interessante

Genbereiche eine weite Verbreitung finden und dadurch das Evolutionsgeschehen signifikant beeinflussen können.

Genomforschung an biotechnologisch und landwirtschaftlich interessanten Mikroorganismen

Nachdem im vorhergehenden Abschnitt Methoden und Leistungsfähigkeit der mikrobiellen Genomforschung am Beispiel eines Resistenzplasmids aus *Corynebacterium striatum* in vielen Einzelheiten präsentiert wurden, soll nun anhand von ausgewählten Mikroorganismen mit biotechnologischer oder landwirtschaftlicher Relevanz die Vorgehensweise bei der Genomanalyse erläutert werden. Hierbei handelt es sich jeweils um Mikroorganismen, die am Lehrstuhl für Genetik der Universität Bielefeld bereits seit mehr als zehn Jahren intensiv bearbeitet werden. Das dabei angesammelte Wissen stellt sicher, dass Erkenntnisse aus der Genomforschung umgehend mit Laborexperimenten überprüft werden können, so wie es am Beispiel des Tetrazyklinresistenzgens aus dem pTP10-Plasmid im vorhergehenden Abschnitt dargestellt wurde.

Die am Lehrstuhl für Genetik der Universität Bielefeld bevorzugt bearbeiteten Mikroorganismen mit biotechnologischer und landwirtschaftlicher Relevanz umfassen *Corynebacterium glutamicum*, *Sinorhizobium meliloti* und *Xanthomonas campestris* pv. campestris. *C. glutamicum* ist vor allem als Produktionsstamm für die großtechnische Herstellung von Aminosäuren bekannt [21], während *X. campestris* pv. campestris zur Erzeugung des Exopolysaccharids Xanthan genutzt wird. *X. campestris* pv. campestris tritt aber auch in der Landwirtschaft in Erscheinung, da dieser Stamm als Phytopathogen Kohlpflanzen befällt [22]. Im Gegensatz dazu wird *S. meliloti* zu den pflanzenwuchsfördernden Bakterien gezählt, da dieses Bodenbakterium in Symbiose mit Wirtspflanzen, z. B. Luzerne, Luftstickstoff fixiert und damit deren Stickstoffversorgung sicherstellt [23].

Genomforschung bei dem Aminosäure-produzierenden Mikroorganismus Corynebacterium glutamicum

Bei *C. glutamicum* handelt es sich um ein Gram-positives, unbewegliches Bodenbakterium, das durch seine Fähigkeit, Glutaminsäure ins Medium auszuscheiden, biotechnologisch Aufsehen erregte. *C. glutamicum* wurde daraufhin intensiv analysiert und speziell zur fermentativen Gewinnung von Glutaminsäure und Lysin eingesetzt. Die Entwicklung von Hochproduzenten

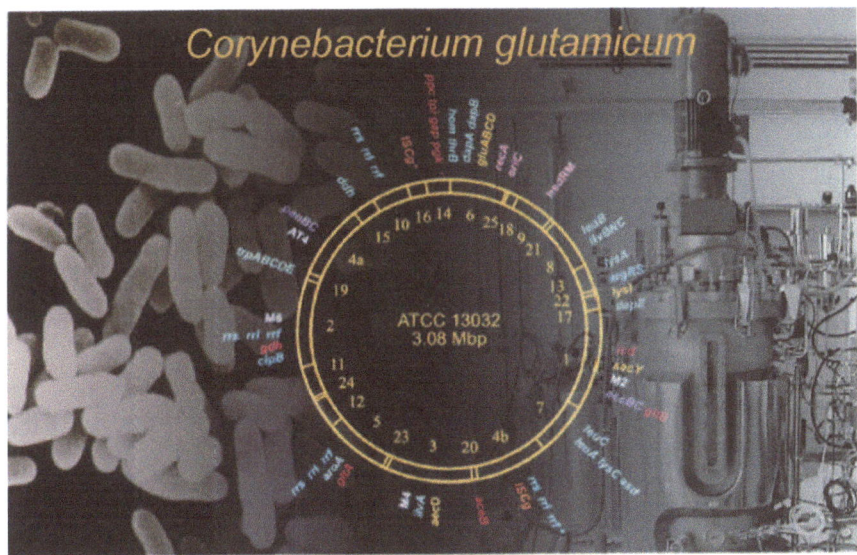

Abb. 10: Aminosäureproduktion mit *Corynebacterium glutamicum* unter Verwendung von Genomdaten.
Corynebakterien (linke Bildhälfte) werden in Fermentern (rechte Bildhälfte) zur fermentativen Gewinnung von Aminosäuren genutzt. Das *Corynebacterium glutamicum*-Genom in der Bildmitte soll andeuten, dass bei Kenntnis der Genomdaten eine rationale Konstruktion von Produktionsstämmen durchgeführt werden kann.

erfolgte lange Zeit über Mutagenese und Mutantenselektion, wobei die einzelnen Mutationen weder identifiziert noch in ihrer Funktion aufgeklärt wurden. Dies änderte sich erst, nachdem für *C. glutamicum* eine brauchbare Molekulargenetik und vor allem auch Gentechnik entwickelt worden war. Der Lehrstuhl für Genetik der Universität Bielefeld hat zur Ausarbeitung der molekulargenetischen Methoden bei *C. glutamicum* wesentlich beigetragen. So wurden zur Entwicklung der Gentechnik Transformationsmethoden [24, 25] erarbeitet und Vektorplasmide [4] konstruiert. In der Zwischenzeit können viele der molekulargenetischen Methoden, die für *Escherichia coli* entwickelt wurden, nach Anpassung auch bei *C. glutamicum* [26, 27, 28] eingesetzt werden, so dass man für *C. glutamicum* ein molekulargenetisch und gentechnisch gut entwickeltes System zur Verfügung hat.

Mit Hilfe der Genomforschung wird bei *C. glutamicum* nun eine neue Ära eingeläutet. Auf der Basis der Genomsequenz können in Zukunft mittels rationaler Schritte Hochleistungsstämme konstruiert werden, deren genetische Veränderungen bis auf die Base genau bekannt sind, und deren Auswirkungen man im Detail versteht. Dies wird in der Abb. 10 deutlich gemacht, die im Zen-

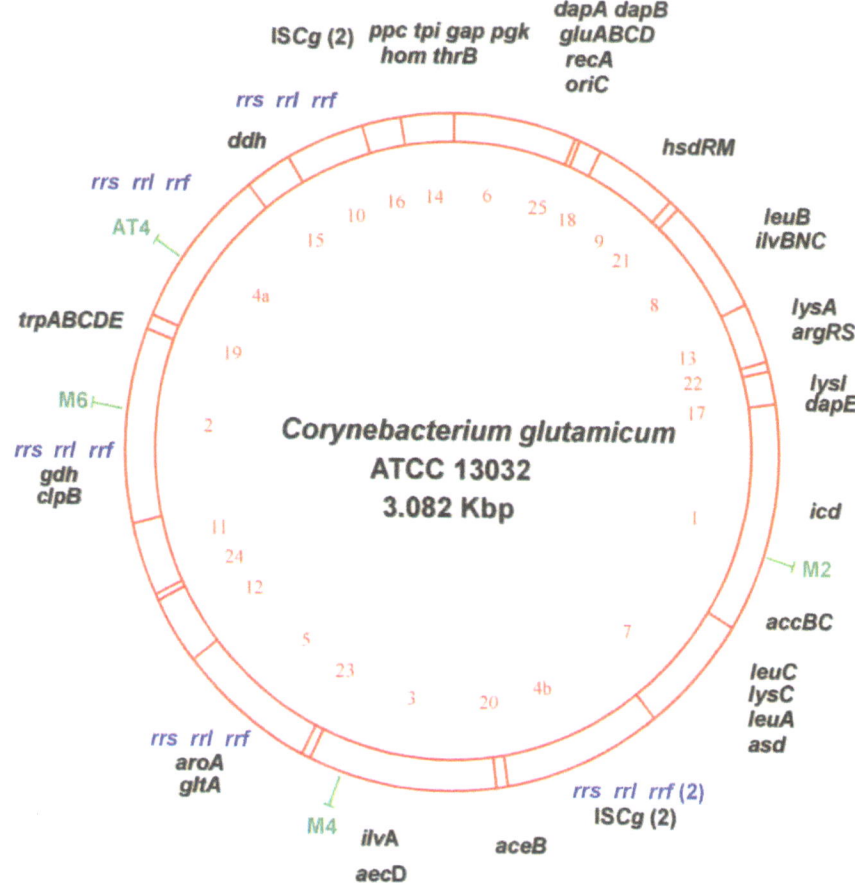

Abb. 11: Eine physikalische und genetische Karte des *Corynebacterium glutamicum*-Genoms
Mit Hilfe des Restriktionsenzyms *Swa*I und der Pulsfeldgelelektrophorese wurde eine Makrorestriktionskarte erstellt. Die *Swa*I-Restriktionsfragmente wurden nach ihrer Größe nummeriert. Die Restriktionskarte gibt an, welche Fragmente aneinander grenzen. Über Hybridisierungsexperimente wurde eine Kartierung von bekannten Genen durchgeführt. Die eingezeichneten Gene sollen nicht detailliert angesprochen werden. Lediglich die sechs ribosomalen RNA-Operons (*rrs, rrl, rrf*) werden als Markierung herausgehoben. M2, M4, M6 und AT4 geben Insertionsorte von Transposonen an.

trum die genetische Karte von *C. glutamicum* zeigt. In der linken Bildhälfte sind *C. glutamicum*-Zellen zu sehen, die die für coryneforme Bakterien typische Zellteilung, nämlich die „snapping division", aufweisen. Zur Aminosäureproduktion werden *C. glutamicum*-Stämme dann in Fermentern unterschiedlicher Größe kultiviert. Ein solcher Fermenter ist in der rechten Bildhälfte abgebildet.

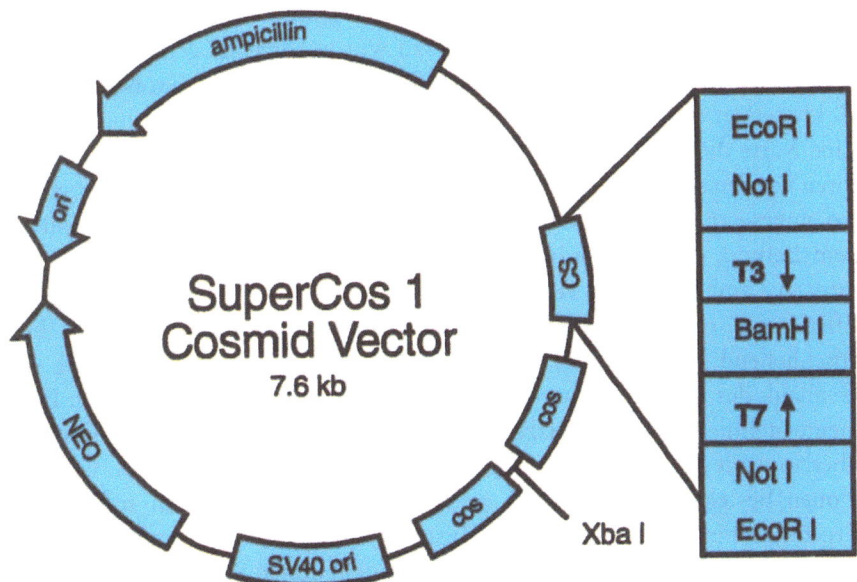

Abb. 12: Der Cosmidvektor SuperCos1
Der SuperCos1-Vektor enthält Gene für Ampicillinresistenz (ampicillin) und Neomycinresistenz (neo). Außerdem besitzt er die beiden Replikationsursprünge *ori* und SV40*ori*. Durch Spaltung mit *Xba*I wird er zwischen den beiden cos-Sequenzen geöffnet und dadurch linearisiert. Die CS-Region enthält Schnittstellen für *Eco*RI, *Not*I und *Bam*HI. Über *Bam*HI erfolgt die Klonierung großer Fremd-DNA-Fragmente. Mittels T3- und T7-spezifischen RNA-Polymerasen können die beiden Enden der inserierten Fremd-DNA transkribiert werden.

Die Entscheidung, die Genomsequenz von *C. glutamicum* zu erstellen, wurde durch Vorarbeiten erleichtert, die bereits wesentliche Information über das *C. glutamicum*-Chromosom lieferten. So konnte nach Konstruktion einer physikalischen Karte die Größe des *C. glutamicum*-Genoms mit 3,08 Millionen Basenpaare schon verhältnismäßig genau angegeben werden [29]. Bei dieser physikalischen Karte handelt es sich um eine sogenannte Makrorestriktionskarte. Hierbei wird chromosomale DNA mit einer selten schneidenden Restriktionsendonuklease verdaut, wobei die entstehenden Makrorestriktionsfragmente mittels Pulsfeldgelelektrophorese aufgetrennt werden. Durch eine Reihe von komplizierten Experimenten kann dann die Anordnung dieser Makrorestriktionsfragmente auf dem Chromosom festgelegt werden. Die für *C. glutamicum* gültige Makrorestriktionskarte ist in Abb. 11 wiedergegeben. Die Zuordnung der Gene zu den Makrorestriktionsfragmenten erfolgte über Hybridisierung mit geeigneten Proben.

Die Strategie für die Sequenzierung des *C. glutamicum*-Genoms geht von einer geordneten Cosmidkarte aus. Dazu wurde zunächst genomische DNA mittels des Restriktionsenzyms *Sau*3AI in Fragmente der Größe von rund 40 kb zerlegt und diese dann in den Cosmidvektor SuperCos1 eingebunden. Eine Karte dieses Cosmidvektors ist in Abb. 12 wiedergegeben. Cosmidvektoren werden speziell zur effizienten Klonierung von großen DNA-Fragmenten eingesetzt [30]. Die effiziente Klonierung mit Cosmidvektoren beruht auf dem Befund, dass Cosmidvektoren mit rund 40 kb großer Insert-DNA *in vitro* in Lambda-Phagen verpackt werden können und diese dann mit hoher Effizienz *E. coli*-Zellen infizieren. Der Cosmidvektor mit Insert-DNA liegt anschließend in *E. coli* als Plasmid vor. Auf diese Art und Weise wurde eine Genbank des *C. glutamicum*-Genoms in *E. coli* erzeugt, die sich durch Fragmente definierter Länge auszeichnet [29]. Im Anschluss daran wurde eine überlappende Cosmidkarte konstruiert, die aus einer Auswahl von Cosmidklonen besteht, welche das *C. glutamicum*-Genom abdecken sollten. Das Ergebnis ist in Abb. 13 dargestellt. Insgesamt konnten 85 Cosmidklone identifiziert werden, die das Gesamtgenom zu einem hohen Prozentsatz abdecken. Allerdings ist aus der Abbildung auch zu ersehen, dass in der Abdeckung Lücken vorhanden sind, die mit den vorhandenen Cosmidklonen nicht geschlossen werden konnten. Diese Lücken haben ihren Ursprung in *C. glutamicum*-Genen, die sich in *E. coli* nicht klonieren lassen [31]. Das weitere Vorgehen sah nun so aus, dass die DNA-Inserts der geordneten Cosmidklone einzeln sequenziert wurden und dass aus den erhaltenen Sequenzen dann die Gesamtsequenz des Genoms erstellt wurde. Zur Sequenzierung der Lücken stehen Alternativmethoden zur Verfügung, die allerdings mehr Zeitaufwand erfordern. In der Zwischenzeit ist die Sequenzermittlung der 85 identifizierten Cosmidklone abgeschlossen. Die Sequenzen wurden unter Einbeziehung von Sequenzierfirmen wie LION bioscience AG (Heidelberg), IIT GmbH (Bielefeld) und QIAGEN (Hilden) erstellt. Das Lückenschließen hat das Genomforschungszentrum der Universität Bielefeld übernommen.

Abb. 13: Die geordnete Cosmidkarte des *Corynebacterium glutamicum*-Genoms
Aus einer Cosmidbank des *C. glutamicum*-Genoms wurde ein minimaler Satz an Cosmidklonen herausgesucht. Ihre Anordnung ist in (A) angegeben. In (B) ist die linearisierte *Swa*I-Restriktionskarte wiedergegeben. Zur Orientierung wird in (C) die Lage der *rrn*-Operonen gezeigt.

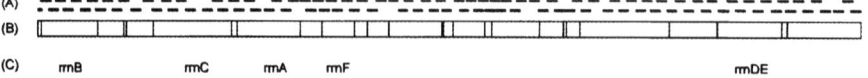

Eine erste Analyse der *C. glutamicum*-Sequenz erbrachte bereits Hinweise auf eine Vielzahl von für die Aminosäureproduktion bedeutsamen Genen. Da es sich um ein Industrieprojekt handelt, ist natürlich von besonderem Interesse, wie die wirtschaftliche Nutzung interessanter Gene patentmäßig abgesichert werden kann. Hierzu ist es nötig, mittels molekulargenetischer Experimente – entweder durch Ausschalten des zu analysierenden Gens oder auch durch Überexpression – eine signifikante Steigerung der Aminosäureproduktion nachzuweisen. Es kann heute bereits festgestellt werden, dass diese Vorgehensweise zu einer Reihe von Patenten geführt hat, die ohne Genomprojekt nicht zustande gekommen wären. Damit ist das Potential des Genomprojekts aber noch lange nicht ausgeschöpft. Insbesondere bestehen jetzt Möglichkeiten, durch Einsatz der Chiptechnologie den Vorgang der Aminosäureproduktion unter Stressbedingungen zu analysieren und damit neue Ansätze für eine stabile *C. glutamicum*-Fermentation zu erhalten. Im Weiteren kann auch daran gedacht werden, innovative Verfahren zur Fermentersteuerung mittels Chiptechnologie zu entwickeln. Hierzu wird die Fermentersteuerung nicht mehr alleine über äußere Parameter, wie Nährstoffverwertung, Sauerstoffaufnahme und pH-Werte, durchgeführt, sondern es wird der physiologische Zustand der *C. glutamicum*-Zellen im Fermenter über den Expressionszustand von ausgewählten Genen mit einbezogen.

Am Beispiel des *C. glutamicum*-Genomprojekts lässt sich zweifelsfrei ablesen, welchen enormen Einfluss Genomdaten auf die fermentative Gewinnung von Aminosäuren mittels *C. glutamicum* ausüben. Diese Entwicklung ist natürlich nicht auf den *C. glutamicum*-Prozess beschränkt, sondern kann ohne weiteres auf andere biotechnologische Produktionsprozesse mit Mikroorganismen übertragen werden. Insgesamt lässt sich feststellen, dass Genomforschung für die mikrobielle Biotechnologie einen Quantensprung bedeutet, der die Entwicklung von mikrobiellen Produktionsprozessen wesentlich beschleunigen wird.

Genomforschung bei dem symbiontisch N_2-fixierenden Bodenbakterium Sinorhizobium meliloti

S. meliloti ist aufgrund seiner Fähigkeit, in Symbiose mit Luzerne Luftstickstoff zu binden, landwirtschaftlich von größtem Interesse [23]. In Abb. 14 wird dieser Symbioseprozess dargestellt. Das Gram-negative Bodenbakterium induziert an der Luzernewurzel die Ausbildung sogenannter Wurzelknöllchen, die von dem Bakterium anschließend über Infektionsschläuche besiedelt

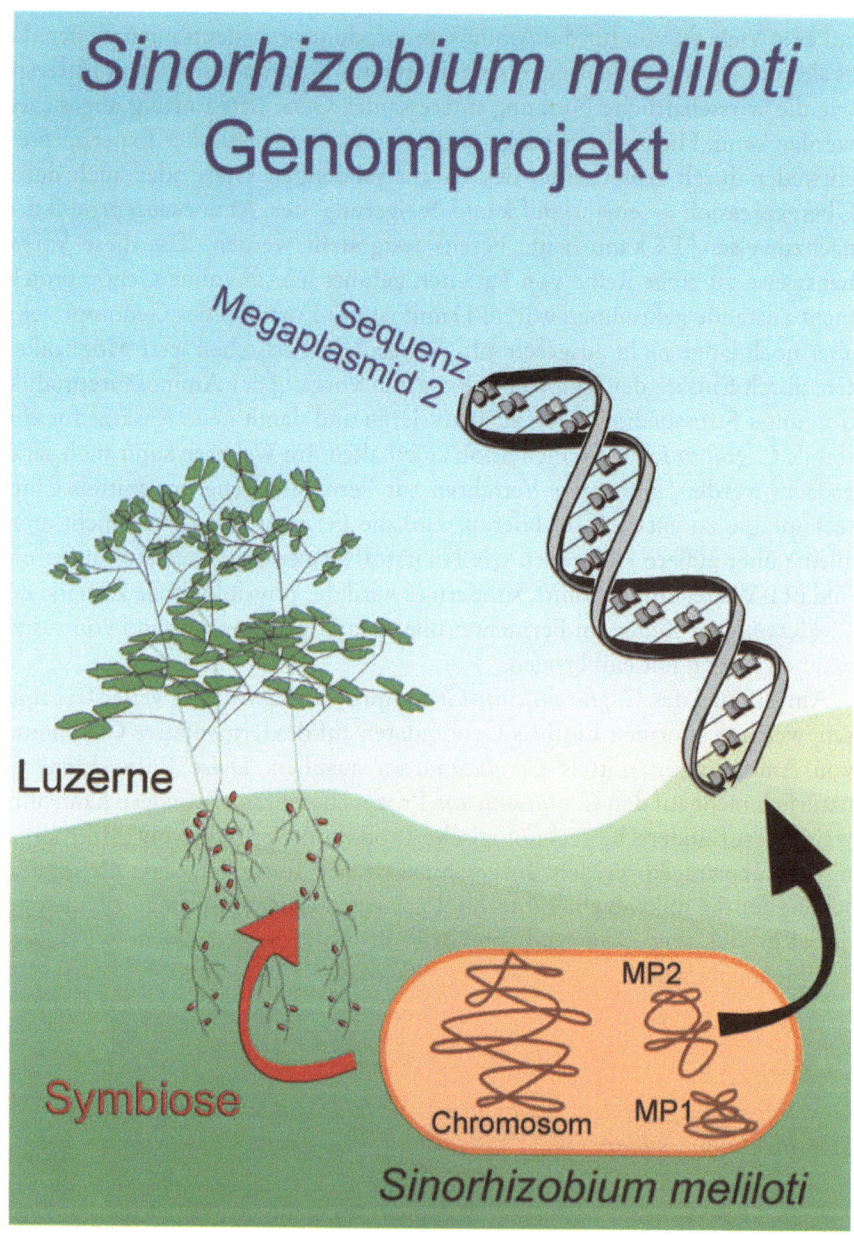

Abb. 14: Das *Sinorhizobium meliloti*-Genomprojekt
Dargestellt ist eine *S. meliloti*-Zelle mit den drei Replikons Chromosom, Megaplasmid 1 (MP1) und Megaplasmid 2 (MP2). Eine solche Bakterienzelle kann an Luzernewurzeln die Ausbildung von Wurzelknöllchen induzieren. Die Nukleotidsequenz des Megaplasmids 2 wird über ein BMBF-Projekt ermittelt.

werden. Im symbiontischen Zustand leben S. meliloti-Zellen zu Bakteroiden umgewandelt in großer Anzahl in Pflanzenzellen. Dort werden sie von der Pflanze ernährt, fixieren Stickstoff und geben den gebundenen Stickstoff an die Pflanze ab. Der Lehrstuhl für Genetik an der Universität Bielefeld untersucht diese Symbiose seit vielen Jahren [32, 33, 34]. Eine detaillierte Schilderung der Knöllchenbildung ist in der Schriftenreihe der NRW-Akademie der Wissenschaften veröffentlicht [35]. Da die Symbiose zwischen S. meliloti und Luzerne weltweit als Modellsystem untersucht wird, lag es auf der Hand, die Gesamtsequenz des S. meliloti-Genoms zu bestimmen.

Im Gegensatz zum C. glutamicum-Genom ist das S. meliloti-Genom wesentlich komplexer aufgebaut. Es besteht aus einem Chromosom und den beiden Megaplasmiden pSyma und pSymb, auch Mega 1 und Mega 2 genannt [36]. In der Zwischenzeit liegen verlässliche Zahlen für die Größen dieser drei Erbspeicher vor. Das Chromosom ist 3,5 Millionen Basenpaare groß, während pSyma und pSymb es immerhin noch auf Größen von 1,4 bzw. 1,7 Millionen Basenpaare bringen [36]. Alleine diese Größen zeigen, dass man bei S. meliloti eigentlich besser von drei Chromosomen als von einem Chromosom und zwei Megaplasmiden sprechen sollte. Insgesamt ist das S. meliloti-Genom mit 6,6 Millionen Basenpaaren damit mehr als doppelt so groß wie das C. glutamicum-Genom. Die Sequenzierung des S. meliloti-Genoms wird als ein internationales Gemeinschaftsprojekt durchgeführt. Die Sequenzierung des Chromosoms wurde von einem europäischen Konsortium im Rahmen eines EU-Projekts übernommen. Das Megaplasmid pSyma wird an der Stanford-Universität in den USA und das Megaplasmid pSymb als BMBF-Projekt in Bielefeld sequenziert. Zu pSymb gibt es eine Kooperation mit einer Forschergruppe in Hamilton (Kanada), die ebenfalls Teilsequenzen des pSymb-Plasmids etablierte. In diesem Artikel hier soll nun über die Sequenzierung von pSymb aus S. meliloti berichtet werden.

Zur Sequenzierung des pSymb-Plasmids aus S. meliloti wurde eine Sequenzierstrategie genutzt, die sehr der Strategie ähnelte, welche beim C. glutamicum-Chromosom Anwendung fand. Der einzige Unterschied bestand darin, dass anstelle von Cosmidvektoren nun BAC-Vektoren benutzt wurden (Abb. 15). BAC-Vektoren basieren auf dem Fertilitätsplasmid von E. coli und weisen deshalb im Gegensatz zu dem beschriebenen Cosmidvektor eine geringere Kopienzahl auf, wodurch die Klonierfähigkeit von bestimmten Fremdgenen erhöht wird [37, 38]. Ein weiterer Vorteil von BAC-Vektoren liegt aber auch in ihrer erweiterten Klonierkapazität. In einen BAC-Vektor lassen sich DNA-Fragmente von über 100 kb einbinden und mittels Elektroporation in E. coli einführen. Die Klonierkapazität von BAC-Vektoren liegt damit bis um den Faktor 3 höher als bei Cosmidvektoren.

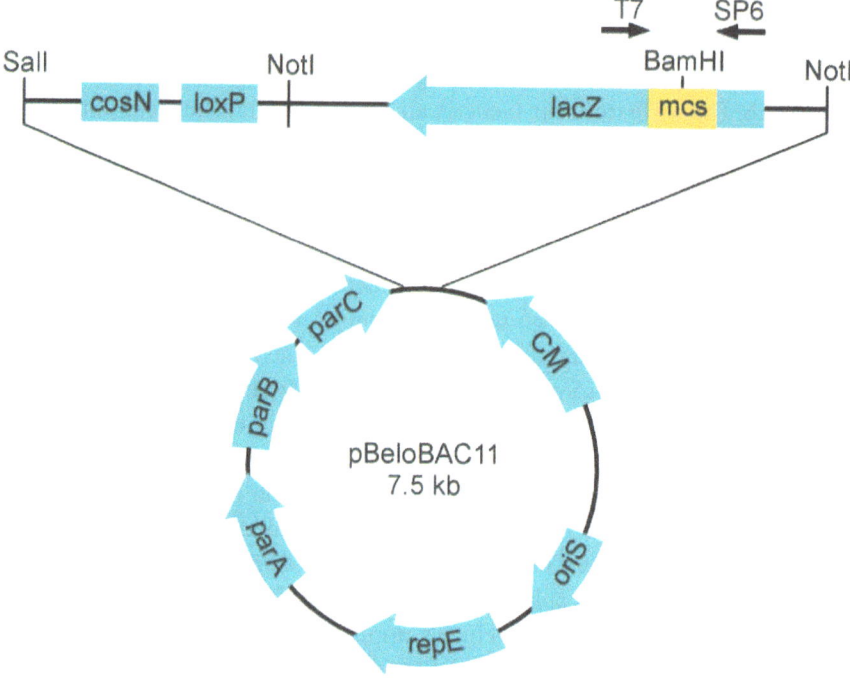

Abb. 15: Der BAC-Vektor pBeloBAC11
Der BAC-Vektor pBeloBAC11 enthält neben den essentiellen Genen für Replikation und Verteilung noch ein Chloramphenicolresistenzgen und ein *lac*-Gen mit einer multiplen Klonierstelle (mcs) für die Klonierung von großen DNA-Fragmenten. Mittels T7- und SP6-RNA-Polymerase können wiederum die Enden der klonierten DNA-Fragmente transkribiert werden. *Sal*I, *Not*I und *Bam*HI geben Restriktionsschnittstellen an. Abkürzungen: parA, B, C: Verteilungsgene; repE: Replikationsgen; oriS: Replikationsursprung; cosN: cos-Sequenz; loxP: loxP-Sequenz

Im Falle von *S. meliloti* wurde zunächst von dem Gesamtgenom eine BAC-Bibliothek hergestellt und dann durch ein spezielles PCR-Verfahren überlappende BAC-Klone identifiziert [39,40]. Als Ergebnis wurden drei zusammenhängende, ringförmige BAC-Anordnungen, auch „BAC-Contig" genannt, identifiziert. Diese drei BAC-Anordnungen repräsentieren natürlich das *S. meliloti*-Chromosom und die beiden Megaplasmide pSyma und pSymb. Im Falle von pSymb sind insgesamt 24 BAC-Klone an der überlappenden BAC-Karte beteiligt. Diese 24 BAC-Klone wurden in der Zwischenzeit einer Sequenzierung unterzogen. Nach Vorliegen der Gesamtsequenz erfolgt die Annotierung, die Auskunft darüber geben wird, welche Gene auf dem Megaplasmid pSymb lokalisiert sind.

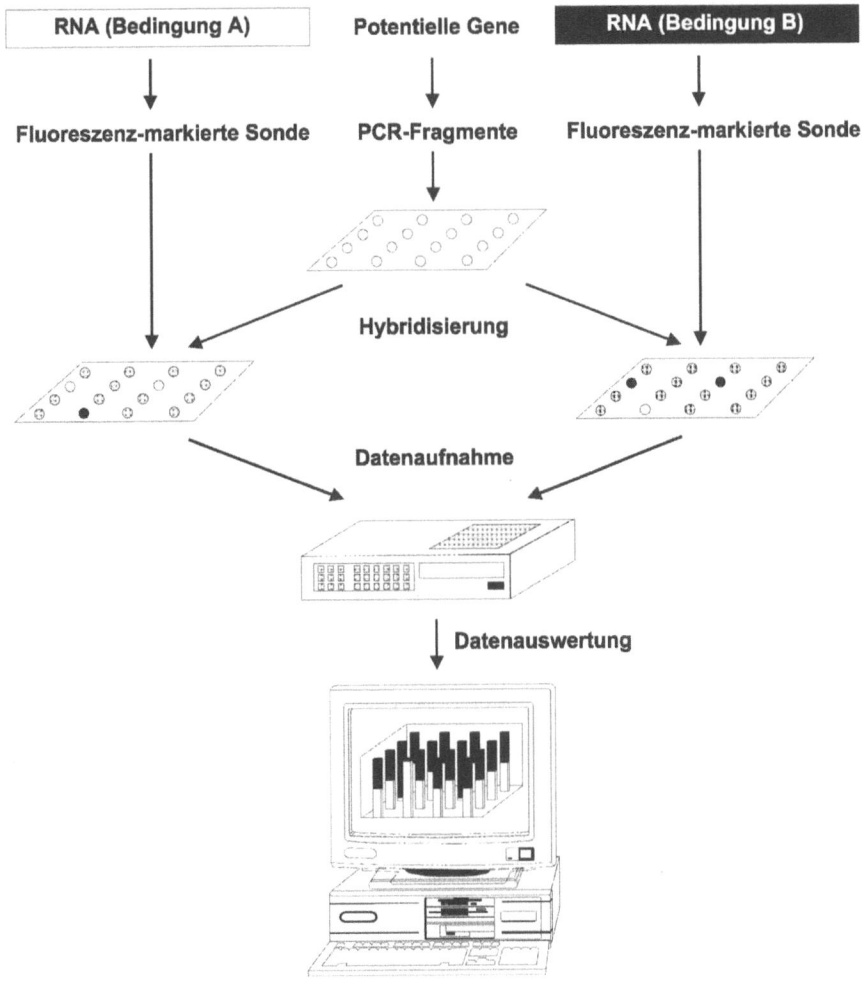

Abb. 16: Schema zur Erstellung von Expressionskarten für Gene des Megaplasmids 2 von *Sinorhizobium meliloti*
PCR-Fragemente von potentiellen Genen werden auf einem Filter gebunden und dieser mit fluoreszenzmarkierten Sonden hybridisiert, die aus RNA-Proben unterschiedlicher Herkunft erzeugt wurden. Nach Datenaufnahme und -auswertung lässt sich angeben, welche Gene in Abhängigkeit von Umweltbedingunen in ihrer Expression verändert wurden.

Das Genomprojekt zur Analyse des Megaplasmids pSymb beinhaltet noch den interessanten Versuchsteil, den Expressionszustand der auf pSymb vorliegenden Gene in Abhängigkeit von Umweltparametern zu analysieren. Als Umweltparameter sollen dabei zwei Wuchsphasen des freilebenden Bakteriums, nämlich die logarithmische Wachstumsphase und die Stationärphase, sowie der symbiontische Zustand, also der Bakteroidzustand untersucht werden. In Abb. 16 ist der geplante Versuchsablauf niedergelegt. PCR-Fragmente der auf dem pSymb-Plasmid vorliegenden Gene werden auf einem Filter oder Glasträger fixiert und mit markierten RNA-Proben aus definierten *S. meliloti*-Kulturen hybridisiert. Mit Hilfe der RNA-Markierung kann dann der Expressionsgrad der getesteten Gene erkannt werden. Durch Vergleich verschiedener Umweltbedingungen lässt sich angeben, welche Gene verstärkt bzw. reduziert exprimiert oder im Extremfall an- bzw. abgeschaltet werden. Diese Analysetechnik, auch Array-Technik genannt, ist zukunftsweisend, da zum ersten Mal eine größere Anzahl von Genen parallel analysiert werden kann. Der Gewinn an Information ist enorm. Man kann sich leicht vorstellen, dass hier eine neue Herausforderung für die Bioinformatik heranwächst, nämlich die Erstellung von Programmen zur Archivierung der Ergebnisse und zur Aufdeckung interessanter Zusammenhänge zwischen analysierten Genen.

Von dem *S. meliloti*-Genomprojekt erwartet man sich zunächst ein besseres Verständnis für den symbiontischen Vorgang, insbesondere für den Infektionsprozess von Wurzelknöllchen und natürlich auch für das Zusammenleben von *S. meliloti*-Bakteroiden mit der pflanzlichen Wirtszelle. Dieses besseres Verständnis wird sicherlich wesentlich auf den Expressionsdaten von Genen beruhen, die mittels der Array-Technik erstellt werden sollen. Aus diesem besseren Verständnis lassen sich dann sicher optimierte Stämme für den landwirtschaftlichen Einsatz gewinnen. Hierbei sind insbesondere Stämme von Interesse, die in ihrem Nodulationsverhalten endogenen Stämmen überlegen sind und die außerdem eine optimierte symbiontische N_2-Fixierung zeigen.

Genomforschung bei dem phytopathogenen und Xanthan-bildenden Bodenbakterium Xanthomonas campestris pv. campestris

X. campestris pv. campestris ist zunächst als phytopathogenes Bakterium für den Befall von Kohlarten und damit einhergehend für Ernteverluste verantwortlich (Abb. 17). Zur Infektion von Pflanzen nutzt *X. campestris* pv. campestris Verwundungen im Blattgewebe. Die Ausbreitung im Blattgewebe erfolgt dann über Blattadern. Als sichtbares Zeichen vertrocknen die Blätter, wobei die Blattadern sich schwarz färben, was dieser Pflanzenkrankheit den Namen „Schwarzadernfäule" eingebracht hat. *X. campestris* pv. campestris ist andererseits aber auch biotechnologisch durch die Bildung des Exopolysaccharids Xanthan von Interesse. Das Exopolysaccharid Xanthan besitzt einen

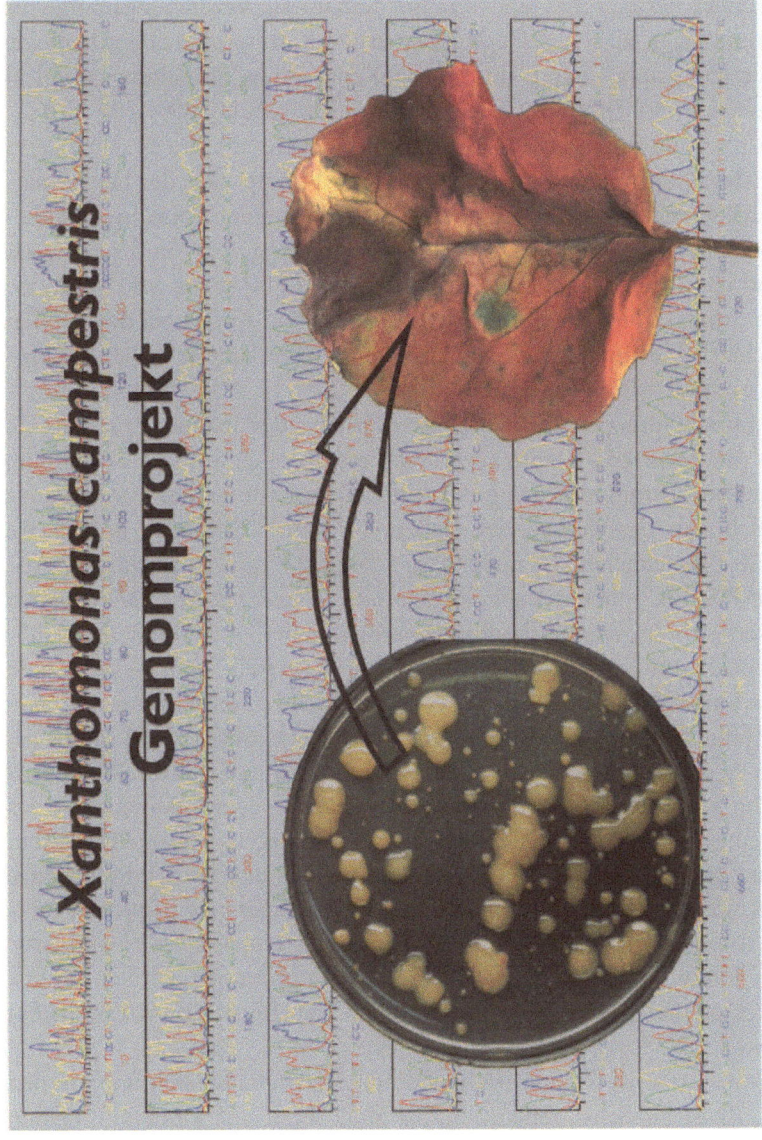

Abb. 17: Das *Xanthomonas campestris*-Genomprojekt
X. campestris pv. campestris ist ein schleimbildendes Bakterium, das an Blättern von Kohlpflanzen die Schwarzadernfäule hervorruft. Bei dem gebildeten Schleim handelt es sich um das Exopolysaccharid Xanthan, das biotechnologisch Verwendung findet.

hohen Polymerisierungsgrad und kommt deshalb als Verdickungsmittel für viele Anwendungen in Frage. Da *X. campestris* pv. campestris außerdem eine Lebensmittelzulassung besitzt, findet man Xanthan als Verdickungsmittel in vielen Speisen. Am Lehrstuhl für Genetik der Universität Bielefeld wird *X. campestris* pv. campestris seit längerem genetisch analysiert. Da es sich um ein Gram-negatives Bakterium handelt, konnten im Prinzip viele der bei *S. meliloti* entwickelten genetischen Techniken übertragen werden. Die durchgeführten Analysen bezogen sich speziell auf die Produktion von Xanthan [41, 42, 43] und auf die Biosynthese von Lipopolysaccharid [44] sowie auf die phytopathogene Interaktion mit Nichtwirtspflanzen [45]. Aufgrund des großen landwirtschaftlichen und biotechnologischen Interesses empfiehlt sich *X. campestris* pv. campestris für ein Genomprojekt.

Bei der Entscheidung, welche Vorgehensweise bei der Sequenzierung des *X. campestris* pv. campestris-Genoms gewählt werden sollte, war von Bedeutung, dass für dessen Genom nur wenig Basisinformation vorhanden war. Bekannt war lediglich, dass das Genom eine Größe von rund 5 Millionen Basenpaare aufweist. Wir entschieden uns deshalb, den langen Weg über geordnete Cosmid- oder BAC-Klonbanken abzukürzen und konzentrieren uns auf einen sogenannten „whole genome shotgun approach". Hierbei werden „shotgun"-Genbanken mit unterschiedlicher Insertgröße hergestellt und diese Banken dann ohne Vorselektion sequenziert [1]. Mittels Computerprogrammen werden die anfallenden Sequenzen dann untereinander verglichen und bei Überlappungen zu sogenannten „Contig"-Strukturen zusammengebaut. Wenn man lange genug sequenziert, dann wird bei einer 8–10-fachen Abdeckung des Genoms nahezu 100% der Sequenzinformation vorliegen. Etwaige Lücken in der Sequenz müssen erneut über andersartige Methoden wie „long distance PCR" geschlossen werden. Der in diesem Projekt eingesetzte Sequenziervektor ist in Abb. 18 dargestellt. Von Bedeutung ist, dass in einen solchen Vektor immer nur kurze DNA-Fragmente von 1–3 kb eingebunden werden, so dass sich der Vektor mit Insert-DNA bequem über Transformation in *Escherichia coli* einführen läßt.

Das *X. campestris* pv. campestris-Genomprojekt befindet sich noch in den Anfängen. Es ist zunächst geplant, bis zu 5000 Sequenzierklone von beiden Seiten her anzusequenzieren, was zu einer schätzungsweise 1-fachen Abdeckung des Gesamtgenoms führen sollte [46]. Diese Teilinformation ist bereits äußerst nützlich, da über Bioinformatik eine Funktionszuweisung zu den erhaltenen Sequenzen möglich ist. Aus diesen Funktionszuweisungen lassen sich bereits interessante Aspekte über Lebensgewohnheiten von *Xanthomonas campestris* pv. campestris ableiten. Interessante Genregionen können leicht isoliert und vollständig sequenziert werden, wodurch mittels eines

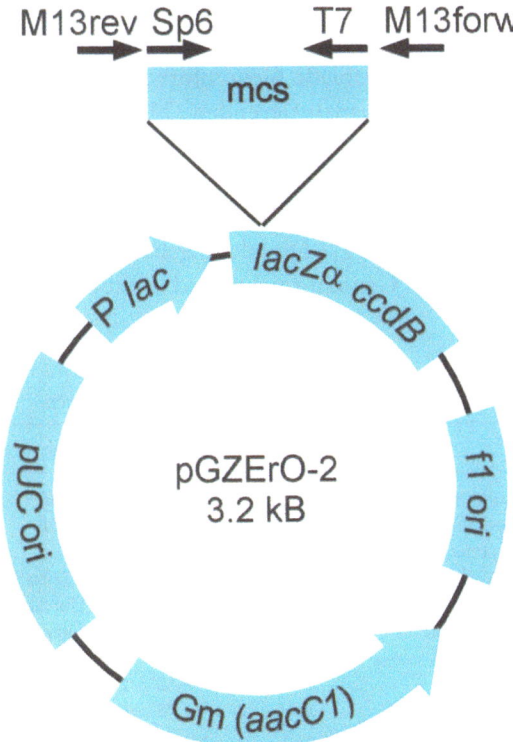

Abb. 18: Der Sequenziervektor pGZErO-2 zur Sequenzierung von „shotgun"-Bibliotheken
Der Vektor beinhaltet ein Gentamicinresistenzgen *aacC1*. Er trägt die beiden Replikationsursprünge pUC*ori* und f1*ori*. Außerdem besitzt er das *lacZ-ccdB*-Fusionsgen, das eine positive Selektion erlaubt. Das *lacZ*-Gen trägt eine Mehrfachklonierstelle mcs für die Insertion von Fremd-DNA. Die Fremd-DNA kann mittels Sp6- und T7-spezifischer RNA-Polymerase transkribiert werden. Außerdem können M13rev- und M13forw-Primer zur Sequenzierung des Inserts verwendet werden.

geringen Sequenzieraufwands ein Maximum an wertvoller Informationen gewonnen werden kann.

Von dem *X. campestris* pv. campestris-Genomprojekt wird zunächst ein besseres Verständnis für den phytopathogenen Prozess erwartet, wobei erneut Transkriptionsanalysen als eine wertvolle Technik zur Identifizierung von wichtigen Genen gesehen werden. Anwendungsorientiert können daraus u. U. Methoden zur Bekämpfung von virulenten Stämmen abgeleitet werden. Im Weiteren ist die Lebensmittelzulassung von *X. campestris* pv. campestris natürlich von Bedeutung. Neben dem Gelierungsmittel Xanthan können noch weitere Produkte aus dem mikrobiellen Stoffwechselgeschehen, z. B. Aminosäuren und Vitamine, Eingang in den Lebensmittelsektor finden.

Die Rolle Deutschlands bei der Sequenzierung mikrobieller Genome

Als Einstieg in eine mikrobielle Genomforschung gilt die Erstellung der Gesamtsequenz eines zu analysierenden Mikroorganismus. Inwieweit Deutschland bei dieser zukunftsträchtigen Technologie Schritt hält, kann anhand der z. Z. publizierten mikrobiellen Genome und Chromosomen abgelesen werden. Eine Übersicht über dieses Gebiet bietet die TIGR Microbial Database [http://www.tigr.org]. Die dort gelisteten, abgeschlossenen und publizierten mikrobiellen Genomprojekte sind in Tabelle 3 wiedergegeben. Bis

Tabelle 3: Die publizierten mikrobiellen Genome und Chromosomen

	Genom	Domäne	Größe (Mb)	Institution
1	*Haemophilus influenzae* Rd	B	1,83	TIGR
2	*Mycoplasma genitalium*	B	0,58	TIGR
3	*Methanococcus jannaschii*	A	1,66	TIGR
4	*Synechocystis* sp.	B	3,57	Kazusa DNA Research Inst.
5	*Mycoplasma pneumoniae*	B	0,81	Universität Heidelberg
6	*Saccharomyces cerevisiae*	E	13	Internationales Konsortium
7	*Helicobacter pylori*	B	1,66	TIGR
8	*Escherichia coli*	B	4,60	University of Wisconsin
9	*Methanobacterium thermoautotrophicum*	A	1,75	Genome Therapeutics & Ohio State University
10	*Bacillus subtilis*	B	4,20	Internationales Konsortium
11	*Archaeoglobus fulgidus*	A	2,18	TIGR
12	*Borrelia burgdorferi*	B	1,44	TIGR
13	*Aquifex aeolicus*	B	1,50	Diverse
14	*Pyrococcus horikoshii*	A	1,80	Biotechnology Center
15	*Mycobacterium tuberculosis*	B	4,40	Sanger Centre
16	*Treponema pallidum*	B	1,14	TIGR & University Texas
17	*Chlamydia trachomatis*	B	1,05	UC Berkeley & Stanford
18	*Plasmodium falciparum* Chr 2	E	1,00	TIGR / NMRI
19	*Rickettsia prowazekii*	B	1,10	University of Uppsala
20	*Helicobacter pylori*	B	1,64	Astra Research Center Boston & Genome Therapeutics
21	*Leishmania major* Chr 1	E	0,27	SBRI
22	*Chlamydia pneumoniae*	B	1,23	UC Berkeley & Stanford
23	*Aeropyrum pernix*	A	1,67	Biotechnology Center
24	*Thermotoga maritima*	B	1,80	TIGR
25	*Plasmodium falciparum* Chr 3	E	1,06	Sanger Centre
26	*Deinococcus radiodurans*	B	3,28	TIGR
27	*Campylobacter jejuni*	B	1,64	Sanger Centre
28	*Neisseria meningitidis*	B	2,27	TIGR
29	*Chlamydia trachomatis*	B	1,07	TIGR
30	*Chlamydia pneumoniae*	B	1,23	TIGR

Domäne A: Archaebakterien, B: Eubakterien, E: Eukaryoten   Stichtag: 16. März 2000

zum 16. März 2000 wurden 30 mikrobielle Genomprojekte in die Liste aufgenommen, wobei sowohl Genome von Archaebakterien und Eubakterien als auch Chromosomen von eukaryontischen Mikroorganismen Aufnahme fanden. Das größte sequenzierte Genom ist das der Hefe, das insgesamt 13 Megabasen ausmacht. Unter den großen bakteriellen Genomen findet man *Escherichia coli* (4,6 Mb), *Bacillus subtilis* (4,2 Mb) und *Mycobacterium tuberculosis* (4,4 Mb). Auffällig ist, dass vor allem medizinisch relevante Mikroorganismen einer Sequenzanalyse unterzogen wurden. Unter den Institutionen, die sich auf dem mikrobiellen Sektor hervorgetan haben, sind an vorderster Stelle TIGR in den USA und das Sanger-Zentrum in UK zu nennen. Wo steht nun Deutschland in diesem Feld? Es gibt lediglich einen Eintrag, und zwar an fünfter Position das Genom von *Mycoplasma pneumoniae*, das am Zentrum

Tabelle 4: Deutsche mikrobielle Genomprojekte

	Genom	Domäne	Größe (Mb)	Institution	Voraussichtliche Fertigstellung
1	*Corynebacterium glutamicum*	B	3,1	LION Bioscience & Degussa-Hüls & Universität Bielefeld	2000
2	*Dictyostelium discoideum* Chr 2	E	7,0	Universität Köln & Universität Jena	–
3	*Halobacterium salinarium*	A	4,0	Max-Planck-Institut für Biochemie	–
4	*Leishmania major* Chr 5,13,14,19,21,23	E	–	Sanger Centre & Europäisches Konsortium	–
5	*Listeria monocytogenes*	B	2,94	EU-Konsortium	komplett
6	*Methanosarcina mazei*	A	2,8	Goettingen Genomics Laboratory	2000
7	*Mycoplasma pneumoniae*	B	0,81	Universität Heidelberg	publiziert
8	*Neurospora crassa*	E	43	Universität Düsseldorf	–
9	*Pasteurella haemolytica*	B	2,4	LION Bioscience & HR Vet	2000
10	*Pseudomonas putida*	B	6,0	TIGR & Deutsches Konsortium	–
11	*Sinorhizobium meliloti*	B	6,6	Europäisches & Kanadisches Konsortium & Stanford University	2000
12	*Thermoplasma acidophilum*	A	1,7	Max-Planck-Institut für Biochemie	–
13	*Thermus thermophilus*	B	1,82	Goettingen Genomics Laboratory	2000
14	*Ustilago maydis*	E	20	LION Bioscience & Bayer	2000

Domäne A: Archaebakterien, B: Eubakterien, E: Eukaryoten   Stichtag: 16. März 2000

für Molekularbiologie in der Universität Heidelberg sequenziert wurde. Mit 0,81 Mb gehört dieser Mikroorganismus zu der Klasse der kleinsten Genome.

In der Zwischenzeit hat sich auch in Deutschland auf dem Gebiet der mikrobiellen Genomforschung einiges bewegt. In Tabelle 4 sind die deutschen Projekte zusammengefasst, die in der TIGR Microbial Database als „in Arbeit" geführt werden. Wie man sieht, handelt es sich hierbei um 14 Projekte mit unterschiedlicher Zielsetzung. Drei Firmen, nämlich Degussa-Hüls AG, HRVet und Bayer AG, interessieren sich für ein biotechnologisch interessantes Bakterium (*Corynebacterium glutamicum*), ein tierpathogenes Bakterium (*Pasteurella haemolytica*) und einen Pilz (*Ustilago maydis*). Auch die Max-Planck-Gesellschaft tritt mit *Halobacterium salinarium* und *Thermoplasma acidophilum* in Erscheinung. Im Weiteren gibt es auch einen Vorstoß der Deutschen Forschungsgemeinschaft, die die beiden Projekte *Dictyostelium discoideum* und *Neurospora crassa* an den Universitäten Köln, Jena und Düsseldorf fördert. Die restlichen Projekte betreffen meist Vorhaben der Europäischen Union, an denen deutsche Gruppen beteiligt sind. Da zur Zeit weltweit ca. 120 Projekte bearbeitet werden, ist Deutschland sicherlich nicht mehr unter „ferner liefen" einzustufen. Trotzdem sollte man sich mit dieser Sachlage nicht zufrieden geben. Mikrobielle Genomforschung ist apparativ aufwendig und braucht deshalb eine bevorzugte Förderung. Dies kann nur dann geleistet werden, wenn die großen Förderorganisationen Deutsche Forschungsgemeinschaft und Bundesministerium für Bildung und Forschung Programme zur Förderung der mikrobiellen Genomforschung auflegen. Deutschland war lange Zeit mikrobiologisch führend und galt als Mekka der Mikrobiologie. Es wäre nicht zu verantworten, wenn diese Spitzenstellung im Zeitalter der Genomforschung verloren gehen würde.

Danksagung

Mein besonderer Dank gilt zunächst meinen Mitarbeitern, die für die experimentellen Daten zu diesem Artikel verantwortlich zeichnen. Da die Originalpublikationen zitiert werden, sehe ich davon ab, die Namen meiner Mitarbeiter einzeln zu nennen. Hervorheben muß ich jedoch Susanna Malmivaara und Andreas Tauch, die beide viel Schreib- und Organisationsarbeit für das Zustandekommen dieses Artikels geleistet haben.

Literatur

[1] Fleischmann, R. D., Adams, M. D., White, O., Clayton, R.A., Kirkness, E. F., Kerlavage, A. R., Bult, C. J., Tomb, J., Dougherty, B. A., Merrick, J. M., McKenney, K., Sutton, G. G., Fitz-Hugh, W., Fields, C. A., Gocayne, J. D., Scott, J. D., Shirley, R., Liu, L. I., Glodek, A., Kelley, J. M., Weidman, J. F., Phillips, C. A., Spriggs, T., Hedblom, E., Cotton, M. D., Utterback, T., Hanna, M. C., Nguyen, D. T., Saudek, D. M., Brandon, R. C., Fine, L. D., Fritchman, J. L., Fuhrmann, J. L., Geoghagen, N. S., Gnehm, C. L., McDonald, L. A., Small, K. V., Fraser, C. M., Smith, H. O. and Venter, J. C.: Whole-genome random sequencing and assembly of *Haemophilus influenzae* Rd. Science 269, 496–512 (1995)

[2] Sanger, F., Nicklen, F. and Coulson, A. R.: DNA sequencing with chain-terminating inhibitors. Proc. Natl. Acad. Sci. USA 74, 5463–5467 (1977).

[3] Kono, M., Sasatsu, M. and Aoki, T.: R plasmids in *Corynebacterium xerosis* strains. Antimicrob. Agents Chemother. 23, 506–508 (1983).

[4] Tauch, A., Kassing, F., Kalinowski, J. and Pühler, A.: The erythromycin resistance gene of the *Corynebacterium xerosis* R-plasmid pTP10 also carrying chloramphenicol, kanamycin and tetracycline resistances is capable of transposition in *Corynebacterium glutamicum*. Plasmid 33, 168–179 (1995)

[5] Gaasterland, T. and Sensen, C. W.: Fully automated genome analysis that reflects user needs and preferences: a detailed introduction to the MAGPIE system architecture. Biochimie 78, 302–310 (1996).

[6] Tauch, A., Krieft, S., Kalinowski, J. and Pühler, A.: The 51,409-bp R-plasmid pTP10 from the multiresistant clinical isolate *Corynebacterium striatum* M82B is composed of DNA segments initially identified in soil bacteria and in plant, animal, and human pathogens. Mol. Gen. Genet. 263, 1–11 (2000).

[7] Tauch, A., Krieft, S., Pühler, A. and Kalinowski, J.: The *tetAB* genes of the *Corynebacterium striatum* R-plasmid pTP10 encode an ABC transporter and confer tetracycline, oxytetracycline and oxacillin in *Corynebacterium glutamicum*. FEMS Microbiol. Lett. 173, 203–209 (1999).

[8] Tauch, A., Zheng, Z., Pühler, A. and Kalinowski, J.: *Corynebacterium striatum* chloramphenicol resistance transposon Tn*5564*: genetic organization and transposition in *Corynebacterium glutamicum*. Plasmid 40, 126–139 (1998).

[9] Tauch, A., Kassing, F., Kalinowski, J. and Pühler, A.: The *Corynebacterium xerosis* composite transposon Tn*5432* consists of two identical insertion sequences, designated IS*1249*, flanking the erythromycin resistance gene *ermCX*. Plasmid 34, 119–131 (1995).

[10] Weisblum, B.: Erythromycin resistance by ribosome modification. Antimicrob. Agents Chemother. 39, 577–585 (1995).

[11] Cole, S. T., Brosch, R., Parkhill, J., Garnier, T., Churcher, C., Harris, D., Gordon, S. V., Eiglmeier, K., Gas, S., Barry III, C. E., Tekaia, F., Badcock, K., Basham, D., Brown, D., Chillingworth, T., Connor, R., Davies, R., Devlin, K., Feltwell, T., Gentles, S., Hamlin, N., Holroyd, S., Hornsby, T., Jagels, K., Krogh, A., McLean, J., Moule, S., Murphy, L., Oliver, S., Osborne, J., Quail, M. A., Rajandream, M. A., Rogers, J., Rutter, S., Seeger, K., Skelton, S., Squares, S., Sqares, R., Sulston, J. E., Taylor, K., Whitehead, S. and Barrell, B. G.: Deciphering the biology of *Mycobacterium tuberculosis* from the complete genome sequence. Nature 393, 537–544 (1998).

[12] Serwold-Davis, T. M. and Groman, N. B.: Identification of a methylase gene for erythromycin resistance within the sequence of a spontaneously deleting fragment of *Corynebacterium diphtheriae* plasmid pNG2. FEMS Microiol. Lett. 56, 7–14 (1988).

[13] Chiou, C.-S. and Jones, A. L.: Nucleotide sequence analysis of a transposon (Tn*5393*) carrying resistance genes in *Erwinia amylovora* and other gram-negative bacteria. J. Bacteriol. 175, 732–740 (1993).

[14] Kim, E. and Aoki, T.: The transposon-like structure of IS26-tetracycline and kanamycin resistant determinant derived from transferable R plasmid of fish pathogen *Pasteurella piscicida*. Microbiol. Immunol. 38, 31–38 (1994).

[15] Bolhuis, H., van Veen, H. W., Poolman, B., driessen, A. J. M. and Konings, W. N.: Mechanisms of multidrug transporters. FEMS Microbiol. Rev. 21, 55–84 (1997).

[16] Sundin, G. W. and Bender, C. L.: Dissemination of the *strA-strB* streptomycin-resistance genes among commensal and pathogenic bacteria from humans, animals, and plants. Mol. Ecol. 5, 133–143 (1996).

[17] Chiou, C.-S., and Jones, A. L.: Expression and identification of the *strA-strB* gene pair from streptomycin-resistant *Erwinia amylovora*. Gene 152, 47–51 (1995).

[18] Sundin, G. W., Monks, D. E. and Bender, C. L.: Distribution of the streptomycin-resistance transposon Tn5393 among phylloplane and soil bacteria from managed agricultural habitats. Can. J. Microbiol. 41, 792–799 (1995).

[19] Sundin, G. W. and Bender, C. L.: Expression of the *strA-strB* streptomycin resistance genes in *Pseudomonas syringae* and *Xanthomonas campestris* and characterization of IS6100 in *X. campestris*. Appl. Environ. Micobiol. 61, 2891–2897 (1995).

[20] Lee, K.-Y., Hopkins, J. D. and Syvanen, M.: Evolved neomycin phosphotransferase from an isolate of *Klebsiella pneumoniae*. Mol. Microbiol. 5, 2039–2046 (1991).

[21] Leuchtenberger, W.: Amino acids. In: Biotechnlogy Vol. 6 (Rehm, H.-J., Reed, G., Pühler, A. and Stadler, P., eds.), pp. 465–502. VCH, Weinheim (1996).

[22] Bradbury, J. F.: *Xanthomonas* Dowson 1939. In: Bergey's Manual of Systematic Bacteriology Vol. 1 (Krieg, N. R., and Holt, J. G., eds.), pp. 199–210. Williams & Wilkins, Baltimore (1984).

[23] Long, S. R.: Genetic analysis of *Rhizobium meliloti*. In: Biological nitrogen fixation (Stacey, G., Burris, R. H. and Evans, H. J., eds.), pp. 560–597. Chapman & Hall, New York (1992).

[24] Thierbach, G., Schwarzer, A. and Pühler, A.: Transformation of spheroplasts of Corynebacterium glutamicum. Appl. Microbiol. Biotechnol. 29, 356–362 (1988).

[25] Wolf, H., Pühler, A. and Neumann, E.: Electrotransformation of intact and osmotically sensitive cells of Corynebacterium glutamicum. Appl. Microbiol. Biotechnol. 30, 283–289 (1989).

[26] Schäfer, A., Kalinowski, J. Simon, R. Seep-Feldhaus, A.-H. and Pühler, A.: High-frequency conjugal plasmid transfer from gram-negative *Escherichia coli* to various gram-positive bacteria. J. Bacteriol. 172, 1663–1666 (1990).

[27] Schwarzer, A. and Pühler, A.: Manipulation of *Corynebacterium glutamicum* by gene disruption and replacement. Bio/Technology 9, 84–87 (1991).

[28] Schäfer, A., Tauch, A., Jäger, W., Kalinowski, J., Thierbach, G. and Pühler, A.: Small mobilizable multi-purpose cloning vectors derived from the *Escherichia coli* plasmids pK18 and pK19: selection of defined deletions in the chromosome of *Corynebacterium glutamicum*. Gene 145, 69–73 (1994).

[29] Bathe, B., Kalinowski, J. and Pühler, A.: A physical and genetic map of the *Corynebacterium glutamicum* ATCC 13032 chromosome. Mol. Gen. Genet. 252, 255–265 (1996).

[30] Kretz, P. L., Reid, C. H., Greener, A. and Short, J. M.: Effect of lambda packaging extract *mcr* restriction activity on DNA cloning. Nucleic Acids Res. 17, 5409 (1989).

[31] Schäfer, A., Schwarzer, A., Kalinowski, J. and Pühler, A.: Cloning and characterization of a DNA region encoding a stress–sensitive restriction system from *Corynebacterium glutamicum* ATCC 13032 and analysis of its role in intergeneric conjugation with *Escherichia coli*. J. Bacteriol. 176, 7309–7319 (1994).

[32] Becker, A., Rühberg, S., Küster, H., Roxlau, A., Keller, M., Ivashina, T., Cheng, H.-P., Walker, G. C. and Pühler, A.: The 32-kilobase *exp* gene cluster of *Rhizobium meliloti* directing the biosynthesis of galactoglucan: genetic organization and properties of the encoded gene products. J. Bacteriol. 179, 1375–1384 (1997).

[33] Becker, A. and Pühler, A.: Production of exopolysaccharides. In: The Rhizobiaceae: Molecular Biology of Model Plant-Associated Bacteria (Spaink, H. P., Kondorosi, A. and Hooykaas, P. J. J., eds.), pp. 97–118. Kluwer Academic Publishers, Dordrecht (1998).
[34] Rühberg, S., Pühler, A., and Becker, A.: Biosynthesis of the exopolysaccharide galatoglucan in *Sinorhizobium meliloti* is subject to a complex control by the phosphate-dependent regulator PhoB and the proteins ExpG and MucR. Microbiology 145, 603–611 (1999).
[35] Pühler, A.: Bakterien-Pflanzen-Interaktion: Analyse des Signalaustausches zwischen den Symbiosepartnern bei der Ausbildung von Luzerneknöllchen. Westdeutscher Verlag, Opladen (1993).
[36] Honeycutt, R. J., McClelland, M. and Sobral, B. W. S.: Physical map of the genome of *Rhizobium meliloti* 1021. J. Bacteriol. 175, 6945–6952 (1993).
[37] Shizuya, H., Birren, B., Kim, U.-J., Mancino, V., Slepak, T., Tachiiri, Y. and Simon, M.: Cloning and stable maintenance of 300-kilobase-pair fragments of human DNA in *Escherichia coli* using an F-factor-based vector. Proc. Natl. Acad. Sci. USA 89, 8794–8797 (1992).
[38] Wang, K., Boysen, C., Shizya, H., Simon, M. I. and Hood, L.: Complete nucleotide sequence of two generations of a bacterial artificial chromosome cloning vectors. Biotechniques 23, 992–994 (1997).
[39] Capela, D., Barloy-Hubler, F., Gatius, M. T., Gouzy, J. and Galibert, F.: A high-density physical map of *Sinorhizobium meliloti* 1021 chromosome derived from bacterial artificial chromosome library. Proc. Natl. Acad. Sci. USA 96, 9357–9362 (1999).
[40] Barloy-Hubler, F., Capela, D., Barnett, M. J., Kalman, S., Federspiel, N. A., Long, S. R. and Galibert, F.: High-resolution physical map of the *Sinorhizobium meliloti* 1021 pSyma megaplasmid. J. Bacteriol. 182, 1185–1189 (2000).
[41] Köplin, R., Arnold, W., Hötte, B., Simon, R., Wang, G. and Pühler, A.: Genetics of xanthan production in *Xanthomonas campestris*: The *xanA* and *xanB* genes are involved in UDP-glucose and GDP-mannose biosynthesis. J. Bacteriol. 174, 191–199 (1992).
[42] Katzen, F., Becker, A., Zorreguieta, A. and Pühler, A.: Promotor analysis of the *Xanthomonas campestris* pv. *campestris gum* genes directing the biosynthesis of the xanthan polysaccharide. J. Bacteriol. 178, 4313–4318 (1996).
[43] Becker, A., Katzen, F., Pühler, A. and Ielpi, L.: Xanthan gum biosynthesis and application: a biochemical / genetic perspective. Appl. Microbiol. Biotechnol. 50, 145–152 (1998).
[44] Köplin, R., Wang, G., Hötte, B., Priefer, U. B. and Pühler, A.: A 3.9-kb DNA region of *Xanthomonas campestris* pv. *campestris* that is necessary for lipopolysaccharide production encodes a set of enzymes involved in the synthesis of TDP-rhamnose. J. Bacteriol. 175, 7786–7792 (1993).
[45] Wiggerich, H.-G. and Pühler, A.: The *exbD2* gene as well as the iron-uptake genes *tonB*, *exbB* and *exbD1* of *Xanthomonas campestris* pv. *campestris* are essential for the induction of a hypersensitive response on pepper (*Capsicum annuum*). Microbiology 146, 1053–1060 (2000).
[46] Frangeul, L., Nelson, K. E., Buchrieser, C., Danchin, A., Glaser, P. and Kunst, F.: Cloning and assembly strategies in microbial genome projects. Microbiology 145, 2625–2634 (1999).

Veröffentlichungen
der Nordrhein-Westfälischen Akademie der Wissenschaften

Neuerscheinungen 1994 bis 2000

Vorträge N Heft Nr.		NATUR-, INGENIEUR- UND WIRTSCHAFTSWISSENSCHAFTEN
406	Hubert Markl, Konstanz, Berlin	Wissenschaftliche Eliten und wissenschaftliche Verantwortung in der industriellen Massengesellschaft
407	Joachim Trümper, Garching	Was der Röntgensatellit ROSAT entdeckte
	Dietrich Neumann, Köln	Ökologische Probleme im Rheinstrom
408	Wilfried Werner, Bonn	Recycling biogener Siedlungsabfälle in der Landwirtschaft
409	Holger W. Jannasch, Woods Hole MA	Neuartige Lebensformen an den Thermalquellen der Tiefsee
410	Hartmut Zabel, Bochum	Epitaxielle Schichten: Neue Strukturen und Phasenübergänge
	Eckart Kneller, Bochum	Der Austauschfeder-Magnet: Ein neues Materialprinzip für Permanentmagnete
411	Brigitte M. Jockusch, Braunschweig	Architekturelemente tierischer Zellen
412	Alfred Fettweis, Bochum	Numerische Integration partieller Differentialgleichungen mit Hilfe diskreter passiver dynamischer Systeme
413	Ernst Bayer, Tübingen	Theorie und Praxis der Niedertemperaturkonvertierung zur Rezyklisierung von Abfällen
	Hansjörg Sinn, Hamburg	Wertstoff- und Energie-Rückgewinnung aus hochkalorigen Abfallstoffen wie Altreifen und Kunststoff-Schrott
414	Wolfgang Priester, Bonn	Über den Ursprung des Universums: Das Problem der Singularität
415	Wilhelm Stoffel, Köln	Serendipity: Eine neue Glutamat-Neurotransmitter-Transporter-Familie und ihre pathogenetische Bedeutung
416	Dieter Richter, Jülich	Viskoelastizität und mikroskopische Bewegung in dichten Polymersystemen
417	Hans Mohr, Freiburg	Waldschäden in Mitteleuropa – was steckt dahinter?
418	Matthias Mertmann, Bochum	Greifmechanismen aus neuen Verbundwerkstoffen mit Zweiweg-Formgedächtnis
	Wolfgang Gärtner, Mülheim a. d. Ruhr	Die Funktion biologischer photosensorischer Pigmente
419	Fritz Vögtle, Bonn	Neue Catenane und Rotaxane in der Supramolekularen Chemie
	Andreas Stork, Jülich	Windkanalanlage zur Bestimmung der gasförmigen Verluste von Umweltchemikalien aus dem System Boden/Pflanze unter feldnahen Bedingungen
	Heinrich Ostendarp, Aachen	Entwicklung neuer Bildaufzeichnungs- und Auswertungstechniken für die holografische Interferometrie
420	Martin Jansen, Bonn	Wege zu Festkörpern jenseits der thermodynamischen Stabilität
421	Hans-Werner Sinn, München	Volkswirtschaftliche Probleme der Deutschen Vereinigung
422	Konrad Sandhoff, Bonn	Glykolipide der Zelloberfläche und die Pathobiochemie der Zelle
423	Hanns Weiss, Düsseldorf	Die mitochondrialen Atmungsketten-Komplexe: Funktion und Fehlfunktion bei neurodegenerativen Erkrankungen
424	Klaus Hahlbrock, Köln	Krankheitsresistenz bei Pflanzen. Von der Grundlagenforschung zu modernen Züchtungsmethoden
425	Wolfgang Krätschmer, Heidelberg	Fullerene und Fullerite – neue Formen des Kohlenstoffs
	Manfred Thumm, Karlsruhe	Gyrotrons – Moderne Quellen für Millimeterwellen höchster Leistung
426	Hans Elsässer, Heidelberg	Neue Wege und Ziele astronomischer Forschung
427	Manfred T. Reetz, Mülheim an der Ruhr	Größenselektive Synthese von Nanostrukturierten Metall-Clustern
	Heinz Mehlhorn, Düsseldorf	Parasiten: Ihre Bedeutung heute
428	Günter Spur, Berlin	Innovation, Arbeit und Umwelt – Leitbilder künftiger industrieller Produktion
	Rainer Jaenicke, Regensburg	Strukturbildung und Stabilität von Eiweißmolekülen

429	Ulrich Dilthey, Aachen	Technischer Einsatz von Personal Computern (PC) am Beispiel der Schweißtechnik
	Helmuth Steinmetz, Düsseldorf	Zerebrale Links-Rechts-Asymmetrie: Struktur, Funktion, Entstehung
	Alois Fürstner, Mülheim an der Ruhr	Metallaktivierung am Beispiel Titan: Von den morphologischen Grundlagen zu Anwendungen in der Wirkstoffsynthese
430	Hartwig Höcker, Aachen	Implantatwerkstoffe – Versuche zur Erzielung von Biokompatibilität
	Rolf Chini, Bochum	Die Bildung von Planeten in zirkumstellaren Scheiben
431	Dietrich Uebing, Stuttgart	Sicherheitstechnik, Umweltschutz und Ressourcenschonung
	Wolfgang Mathis, Wuppertal	Die begrifflichen Grundlagen der Netzwerk- und Systemtheorie
432	Jörg Baetge, Münster	Empirische Methoden zur Früherkennung von Unternehmenskrisen
433	Klaus Knizia, Herdecke	Schöpferische Zerstörung = zerstörte Schöpfung? Die Industriegesellschaft und die Diskussion der Energiefrage
434	Ekkehard Schulz, Duisburg	Innovation bei der Stahltechnologie
	Peter Neumann, Düsseldorf	Das Entwicklungspotential von Stählen
435	Carl Christian von Weizsäcker, Köln	Wirtschaftliche Effizienz und gerechte Verteilung
	Hans-Jürgen Haubrich, Aachen	Aspekte zentraler und dezentraler Stromerzeugung im europäischen Verbundsystem
436	Hans Müller, Jena	Ein periodisches System für Metall-Cluster
437	Urs Schweizer, Bonn	Der dritte Hauptsatz der Wohlfahrtstheorie
	Helmut Lütkepohl, Bonn	Stabilität der Geldnachfrage in der Bundesrepublik Deutschland
438	Kurt Kugeler, Jülich	Die sicherheitstechnischen Prinzipien der Kerntechnik
	Harald Günther, Siegen	Stand und Zukunft der magnetischen Kernresonanzmethoden
439	Hans Wolfgang Spiess, Mainz	Dynamische Phänomene in Festkörpern und Polymeren
	Walter Leitner, Mülheim/Ruhr	Chemische Synthese in überkritischem Kohlendioxid: Die „bessere Lösung"?
440	Ernst Th. Rietschel, Borstel	Bakterielle Endotoxine
	Franz Ulrich Hartl, Martinsried	Proteinfaltung in der Zelle
441	Herbert Palme, Köln	Meteorite und die Bildung der inneren Planeten des Sonnensystems
	Stefan H. Kaufmann, Berlin	Immunität und Infektion
442	Ernst Helmstädter, Münster	Gerechtigkeit und Fairneß in Wirtschaft und Gesellschaft
	Wolfram F. Richter, Dortmund	Entstaatlichungspotentiale im Hochschulbereich
443	Hartmut Löwen, Düsseldorf	Theorie der kolloidalen Systeme
	Wolfgang Marquardt, Aachen	Modellgestützte Entwicklung verfahrenstechnischer Prozesse
444	Hans Walter Staudte, Würselen	Computergestützte Operationsplanung und -technik in der Orthopädie mit CT-abgeleiteten individuellen Bearbeitungsschablonen
445	Wolfgang Lerche, Genf	Recent Developments in String Theory
446	Michael Teuber, Zürich	Gentechnik für Lebensmittel und Zusatzstoffe – Leben mit der Gentechnik
	Ludger Honnefelder, Bonn	Novel Food – Zu den ethischen Aspekten der gentechnischen Veränderung von Lebensmitteln
447	Walter Schaffner, Zürich	Wie werden unsere Gene ein- und ausgeschaltet?
	Otto Spaniol, Aachen	Mobilfunk und Sicherheit – (Wie) Passt das zusammen?
448	Friedel H. W. Hoßfeld, Jülich	Komplexität und Berechenbarkeit: Über die Möglichkeiten und Grenzen des Computers
449	Thomas Ruzicka, Düsseldorf	Entzündungsreaktionen der Haut: Von der Pathophysiologie zu neuen Therapieansätzen
450	Klaus Heinloth, Bonn	Energie für die Zukunft
451	Joachim Maier, Stuttgart	Funktion durch Fehler oder Die innere Chemie fester Stoffe
452	Clemens Simmer, Bonn	Beeinflussen Wolken das Klima?
	Rolf Staufenbiel, Aachen	Wirbelströmungen
453	Reiner Rummel, München	Fortschritte der Satellitengeodäsie
	Alfred Pühler, Bielefeld	Mikrobiologie im Zeitalter der Genomforschung

ABHANDLUNGEN

Band Nr.

72	*(Sammelband)*	Studien zur Ethnogenese
	Wilhelm E. Mühlmann	Ethnogonie und Ethnogenese
	Walther Heissig	Ethnische Gruppenbildung in Zentralasien im Licht mündlicher und schriftlicher Überlieferung
	Karl J. Narr	Kulturelle Vereinheitlichung und sprachliche Zersplitterung: Ein Beispiel aus dem Südwesten der Vereinigten Staaten
	Harald von Petrikovits	Fragen der Ethnogenese aus der Sicht der römischen Archäologie
	Jürgen Untermann	Ursprache und historische Realität. Der Beitrag der Indogermanistik zu Fragen der Ethnogenese
	Ernst Risch	Die Ausbildung des Griechischen im 2. Jahrtausend v. Chr.
	Werner Conze	Ethnogenese und Nationsbildung – Ostmitteleuropa als Beispiel
75	*Herbert Lepper, Aachen*	Die Einheit der Wissenschaften: Der gescheiterte Versuch der Gründung einer „Rheinisch-Westfälischen Akademie der Wissenschaften" in den Jahren 1907 bis 1910
77	*Elmar Edel, Bonn*	Die ägyptisch-hethitische Korrespondenz (2 Bände)
78	*(Sammelband)*	Studien zur Ethnogenese, Band 2
	Rüdiger Schott	Die Ethnogenese von Völkern in Afrika
	Siegfried Herrmann	Israels Frühgeschichte im Spannungsfeld neuer Hypothesen
	Jaroslav Šašel	Der Ostalpenbereich zwischen 550 und 650 n. Chr.
	András Róna-Tas	Ethnogenese und Staatsgründung. Die türkische Komponente bei der Ethnogenese des Ungartums
	Register zu den Bänden 1 (Abh 72) und 2 (Abh 78)	
80	*Friedrich Scholz, Münster*	Die Literaturen des Baltikums. Ihre Entstehung und Entwicklung
83	*Karin Metzler, Frank Simon, Bochum*	Ariana et Athanasiana. Studien zur Überlieferung und zu philologischen Problemen der Werke des Athanasius von Alexandrien
84	*Siegfried Reiter/Rudolf Kassel, Köln*	Friedrich August Wolf. Ein Leben in Briefen. Ergänzungsband, I: Die Texte; II: Die Erläuterungen
85	*Walther Heissig, Bonn*	Heldenmärchen versus Heldenepos? Strukturelle Fragen zur Entwicklung altaischer Heldenmärchen
86	*Hans Rothe, Bonn*	Die Schlucht. Ivan Gontscharov und der „Realismus" nach Turgenev und vor Dostojevski (1849–1869)
88	*Peter Zieme, Berlin*	Religion und Gesellschaft im Uigurischen Königreich von Qočo
89	*Karl H. Menges, Wien*	Drei Schamanengesänge der Ewenki-Tungusen Nord-Sibiriens
90	*Christel Butterweck, Halle*	Athanasius von Alexandrien: Bibliographie
91	*T. Čertorickaja, Moskau*	Vorläufiger Katalog Kirchenslavischer Homilien des beweglichen Jahreszyklus
92	*Walter Mettmann, Münster (Hrsg.)*	Alfonso de Valladolid, *Mostrador de Justicia*
93	*Werner H. Hauss, Münster* *Robert W. Wissler, Chicago* *Hans-Joachim Bauch, Münster (Eds.)*	Seventh Münster International Arteriosclerosis Symposium: New Pathogenic Aspects of Arteriosclerosis Emphasizing Transplantation Atheroarteritis
94	*Helga Giersiepen, Bonn* *Raymund Kottje, Bonn (Hrsg.)*	Inschriften bis 1300. Probleme und Aufgaben ihrer Erforschung
95	*Walther Heissig, Bonn (Hrsg.)*	Formen und Funktion mündlicher Tradition
97	*Rudolf Schieffer, München (Hrsg.)*	Schriftkultur und Reichsverwaltung unter den Karolingern
98/99/ 105	*Hans Rothe, Bonn* *E. M. Vereščagin, Moskau (Hrsg.)*	Gottesdienstmenäum für den Monat Dezember, Teil 1/Teil 2/Teil 3
100	*Oleg V. Tvorogov (Hrsg.)*	Johannes Chrysostomos im altrussischen und südslavischen Schrifttum des 11.–16. Jahrhunderts
101	*Walter Mettmann, Münster (Hrsg.)*	Alfonso de Valladolid, *Tešuvot la-Mĕharef*
102	*Walther Heissig/Rüdiger Schott (Hrsg.)*	Die heutige Bedeutung oraler Traditionen
103	*Geng Shimin, Hans-Joachim Klimkeit,* *Jens Peter Laut (Hrsg.)*	Eine buddhistische Apokalypse: Die Höllenkapitel und die Schlußkapitel der Hami-Handschrift der alttürkischen *Maitrisimit*
104	*Hans Rothe, Bonn (Hrsg.)*	Das Dubrovskij-Menäum

Sonderreihe PAPYROLOGICA COLONIENSIA

Vol. VII	Kölner Papyri (P. Köln)
Bärbel Kramer und Robert Hübner (Bearb.), Köln	Band 1
Bärbel Kramer und Dieter Hagedorn (Bearb.), Köln	Band 2
Bärbel Kramer, Michael Erler, Dieter Hagedorn und Robert Hübner (Bearb.), Köln	Band 3
Bärbel Kramer, Cornelia Römer und Dieter Hagedorn (Bearb.), Köln	Band 4
Michael Gronewald, Bärbel Kramer, Klaus Maresch, Maryline Parca und Cornelia Römer (Bearb.)	Band 6
Michael Gronewald, Klaus Maresch (Bearb.), Köln	Band 7
Michael Gronewald, Klaus Maresch, Cornelia Römer (Bearb.), Köln	Band 8
Vol. XI	Katalog der Bithynischen Münzen der Sammlung des Instituts für Altertumskunde der Universität zu Köln
Wolfram Weiser, Köln	Band 1: Nikaia. Mit einer Untersuchung der Prägesysteme und Gegenstempel
Thomas Corsten, Köln	Band 2: Könige, Commune Bithyniae, Städte (außer Nikaia)
Vol. XIV: *Ludwig Koenen, Ann Arbor*	Der Kölner Mani-Kodex.
Cornelia Römer (Bearb.), Köln	Über das Werden seines Leibes. Kritische Edition mit Übersetzung
Vol. XV: *Jaakko Frösen, Helsinki/Athen*	Die verkohlten Papyri aus Bubastos (P. Bub.)
Dieter Hagedorn, Heidelberg (Bearb.)	Band 1
Dieter Hagedorn, Heidelberg Klaus Maresch, Köln (Bearb.)	Band 2
Vol. XVI: *Robert W. Daniel, Köln*	Supplementum Magicum
Franco Maltomini, Pisa (Bearb.)	Band 1 und Band 2
Vol. XVII: *Reinhold Merkelbach, Maria Totti (Bearb.), Köln*	Abrasax. Ausgewählte Papyri religiösen und magischen Inhalts Band 1 und Band 2: Gebete Band 3: Zwei griechisch-ägyptische Weihezeremonien Band 4: Exorzismen und jüdisch/christlich beeinflußte Texte
Vol. XVIII: *Klaus Maresch, Köln Zola M. Packmann, Pietermaritzburg, Natal (eds.)*	Papyri from the Washington University Collection, St. Louis, Missouri
Vol. XIX: *Robert W. Daniel, Köln (ed.)*	Two Greek Papyri in the National Museum of Antiquities in Leiden
Vol. XX: *Erika Zwierlein-Diehl, Bonn (Bearb.)*	Magische Amulette und andere Gemmen des Instituts für Altertumskunde der Universität zu Köln
Vol. XXI: *Klaus Maresch, Köln*	Nomisma und Nomismatia. Beiträge zur Geldgeschichte Ägyptens im 6. Jahrhundert n. Chr.
Vol. XXII: *Roy Kotansky, Santa Monica, Calif.*	Greek Magical Amulets. The Inscribed Gold, Silver, Copper, and Bronze Lamellae. Part 1: Published Texts of Known Provenance
Vol. XXIII: *Wolfram Weiser, Köln*	Katalog ptolemäischer Bronzemünzen der Sammlung des Instituts für Altertumskunde der Universität zu Köln
Vol. XXIV: *Cornelia Eva Römer, Köln*	Manis frühe Missionsreisen nach der Kölner Manibiographie
Vol. XXV: *Klaus Maresch, Köln*	Bronze und Silber. Papyrologische Beiträge zur Geschichte der Währung im ptolemäischen und römischen Ägypten
Vol. XXVI: *William H. Willis, Duke University, Klaus Maresch, Köln (Bearb.)*	The archive of Ammon Scholasticus of Panopolis (P. Ammon) Vol. 1: The legacy of Harpocration
Vol. XXVII *Markus Stein, Bonn (Bearb.)*	Manichaica Latina Band 1: Epistula ad Menoch
Vol. XXVIII: *Jürgen Hammerstaedt, Köln*	Griechische Anaphorenfragmente aus Ägypten und Nubien

If you have any concerns about our products,
you can contact us on
ProductSafety@springernature.com

In case Publisher is established outside the EU,
the EU authorized representative is:
**Springer Nature Customer Service Center GmbH
Europaplatz 3, 69115 Heidelberg, Germany**

Printed by Libri Plureos GmbH
in Hamburg, Germany